高等学校理工科化学化工类规划教材

电化学实验技术与工程实践

毛 庆 王立达 / 编著

大连理工大学出版社
Dalian University of Technology Press

图书在版编目(CIP)数据

电化学实验技术与工程实践 / 毛庆，王立达编著． -- 大连：大连理工大学出版社，2024.6(2024.6重印)
ISBN 978-7-5685-5014-7

Ⅰ.①电… Ⅱ.①毛… ②王… Ⅲ.①电化学－化学实验 Ⅳ.①O6-334

中国国家版本馆 CIP 数据核字(2024)第 111817 号

DIAN HUA XUE SHI YAN JI SHU YU GONG CHENG SHI JIAN
电化学实验技术与工程实践

大连理工大学出版社出版
地址：大连市软件园路80号 邮政编码：116023
发行：0411-84708842 邮购：0411-84708943 传真：0411-84701466
E-mail：dutp@dutp.cn URL：https://www.dutp.cn
大连雪莲彩印有限公司印刷 大连理工大学出版社发行

幅面尺寸：185mm×260mm	印张：8.5	字数：196千字
2024年6月第1版		2024年6月第2次印刷
责任编辑：王晓历		责任校对：孙兴乐
	封面设计：方 茜	

ISBN 978-7-5685-5014-7   定 价：26.80元

本书如有印装质量问题，请与我社发行部联系更换。

前言 Preface

实践教学作为化学工程专业本科人才培养的重要组成部分,主要培养学生的实践能力和创新能力,是当前高等学校践行"新工科"建设的重要手段。本书在大连理工大学《电化学工程专业实验讲义》的基础上,结合近几年的教学实践经验与教学改革成果,由大连理工大学电化学工程教研室组织编著而成。

本书旨在提升化学工程专业本科学生运用电化学理论知识与方法解决相关工程问题的能力。全书包括:实验室安全基础知识、电化学实验技术、电化学基础实验、电化学工程基础实验与工程设计四部分。"实验室安全基础知识"部分侧重介绍了从事电化学工程相关实验所需掌握的基本安全常识与防护知识;"电化学实验技术"不仅论述了电化学体系的基本组成,阶跃电势/电流、循环伏安、电化学阻抗谱等常用的电化学测试技术,而且还介绍了新一代电化学谱学表征方法——总谐波失真谱的基本原理及其在电化学领域中的应用。"电化学基础实验"部分主要用于巩固学生在电化学原理课堂教学中的知识点;而"电化学工程基础实验与工程设计"多为科研成果转化为教学类的实验内容,涵盖燃料电池与水电解、二氧化碳电化学转化、电化学储能、电化学腐蚀与防护等在国家"双碳"发展战略中起积极引领作用的电化学技术。

本书不仅向化工类本科生介绍了电化学工程实验的基本安全知识与基本电化学技术,而且还结合了若干电化学基础实验及电化学工程实验与工程设计,辅助电化学原理的课堂教学内容,全方位、多角度培养学生综合运用所学知识独立开展电化学相关研究与技术开发的能力。

本书由大连理工大学毛庆、王立达编著,大连理工大学刘贵昌、王华、刘伟、孙文,中核武汉核电运行技术股份有限公司章强,大连融科储能技术发展有限公司江杉参与了编写。毛庆负责编写第 1 章,第 2 章,3.1、3.3~3.6、3.14、4.1~4.3 和 4.6 节;王立达负责编写 3.2、3.7、3.9、3.10、4.7 和 4.8 节;刘贵昌负责编写 3.12 节;王华负责编写 3.8 节;刘伟负责编写 3.13 节;孙文负责编写 3.11 节;章强负责编写 4.9 和 4.10 节;江杉负责编写 4.4 和 4.5 节。毛庆和王立达负责全书写作大纲的拟定和编写的组织工作,并对全书进行修改和总纂。同时,感谢大连理工大学化工学院电化学工程教研室全体教师的辛苦付出与努力,感谢大连理工大学 Chem-E-Car 竞赛历届社团成员的竞赛经验的积累与总结,感谢化学学院张永策及其 MoolsNet 开发团队为"质子交换膜燃料电池综合实验"和"大学生 Chem-E-Car 竞赛综合实验"开发的虚拟仿真 App。

本书可作为高等院校电化学、电化学工程、材料与工程类专业的实验教学用书,也可供从事材料物理与化学、电化学、腐蚀与防护、燃料电池与水电解、电化学储能、二氧化碳电化学转化等工作的科技人员参考。

  在编写本书的过程中,编者参考、引用和改编了国内外出版物中的相关资料以及网络资源,在此表示深深的谢意!相关著作权人看到本书后,请与出版社联系,出版社将按照相关法律的规定支付稿酬。

  限于水平,书中仍有疏漏和不妥之处,敬请各位专家和读者批评指正,以使教材日臻完善。

编著者
2024 年 6 月

所有意见和建议请发往:dutpbk@163.com
欢迎访问高教数字化服务平台:https://www.dutp.cn/hep/
联系电话:0411-84708445 84708462

目录 Contents

1 实验室安全基础知识 ... 1
1.1 火灾防护 ... 1
1.2 危险物质的日常管理 ... 2
1.3 压缩气体的使用安全 ... 4
1.4 用电安全 ... 6
1.5 实验室应急设备的使用方法 ... 7
1.6 实验室个人防护与卫生管理 ... 9
1.7 实验室安全事故的紧急处理与救援 ... 11

2 电化学实验技术 ... 15
2.1 电极与电解质溶液 ... 15
2.2 电极体系的实验解析 ... 18
2.3 电化学测试技术 ... 19

3 电化学基础实验 ... 30
3.1 应用循环伏安法研究电极过程的可逆性 ... 30
3.2 电偶腐蚀中电位序的测定 ... 32
3.3 界面微分电容的实验测定 ... 34
3.4 离子交换膜 VO^{2+} 渗透率测试 ... 37
3.5 应用 CO 溶出伏安法研究电催化剂的活性表面积 ... 39
3.6 传质影响的电化学析氢与氢氧化反应动力学研究 ... 42
3.7 金属腐蚀速率的电化学测试技术 ... 44
3.8 应用电化学阻抗谱(EIS)测定腐蚀体系的电化学参数 ... 46
3.9 孔蚀电位的电化学测试技术 ... 48
3.10 铬镍不锈钢晶间腐蚀的评定方法 ... 50
3.11 电镀锌阴极电流效率的测定 ... 54
3.12 铜表面电化学抛光和电镀镍实验 ... 57
3.13 具有赝电容特性聚苯胺电极的制备及超级电容器性能研究 ... 59
3.14 质子交换膜燃料电池的电化学阻抗谱解析 ... 61

4 电化学工程基础实验与工程设计 …… 63

4.1 质子交换膜燃料电池综合实验 …… 63
4.2 氢能电化学的转化与高效利用综合实验 …… 67
4.3 CO_2 电催化转化制备燃料综合实验 …… 70
4.4 直接甲醇燃料电池综合实验 …… 73
4.5 液流储能电池综合实验 …… 77
4.6 大学生 Chem-E-Car 竞赛综合实验 …… 83
4.7 工业循环水系统金属腐蚀在线监、检测技术 …… 90
4.8 循环海水管道阴极保护工程参数测量 …… 94
4.9 阴极保护工程设计——埋地长输钢质管道外壁阴极保护案例 …… 97
4.10 阴极保护工程设计——埋地长输钢质管道内壁阴极保护案例 …… 112

参考文献 …… 121

附 录 …… 122

1 实验室安全基础知识

1.1 火灾防护

火灾会对实验室内的人身安全产生威胁、对仪器设备造成损害。为了防范实验室火灾发生,实验室人员必须认清火灾的危险性、熟练使用灭火器材,以便在火灾发生时能够掌握灭火方法和逃生技巧。

1.1.1 灭火设备

所有化学实验室均须配置灭火设备。常用的灭火设备主要有灭火器、灭火沙、灭火毯等能防止火灾发生和蔓延的专用物品。灭火设备的放置区域必须有地面标识且易于取用。

正确选择灭火器对于实验室的消防安全非常重要。多数情况下,实验室常用二氧化碳(CO_2)灭火器。其优势在于灭火后不会产生灭火剂残余,不会对电气设备造成损坏。

灭火器在使用时应注意以下方面:

① 在任何情况下,禁止用水或泡沫灭火器处理涉及碱金属、烷基锂、氢化锂铝金属、硅烷或类似物质。

② 适用于碱金属试剂的灭火剂为灭火沙或金属灭火粉。

③ 易燃液体应使用二氧化碳灭火器或干粉灭火器。

④ 带电设备应使用二氧化碳灭火器。

1.1.2 消防演习

实验室相关工作人员、本科生和研究生每年至少参加一次由学校或单位组织,由消防部门提供的消防演习活动,通过定期多次的实践操作来熟悉灭火器的使用方法。要注意:在消防演习中必须建立疏散程序,实验室的每名成员必须明确疏散路径与集合点位置。

1.1.3 火灾应对

实验室如遇火灾,必须立即拨打电话(119)联系消防部门。在保证人身安全的前提下,实验室人员在消防员到达前可用现有或附近的灭火器材应对初期火灾。此时,无须进行灭火或救援工作的人员要快速撤离危险区域,并在指定集合点集合。在集合点,按要求核对受火灾影响区域的所有人员。在消防员到达后,由熟悉现场的知情人员向消防部门汇报情况。

在进行初期火灾灭火时,要使用距离火源最近的灭火器材。若实验人员身上着火,应采用灭火毯、灭火器或应急喷淋扑灭。在火势严重时仅用灭火毯是不够的,可同时以泡沫、干粉和 CO_2 灭火器辅助灭火。

面向不同类型的火灾,所有化学实验室都应制定消防预案。在制定灭火预案时,要考虑到实验人员身上着火后产生的恐慌情绪,要明确立即灭火永远是挽救生命的第一要务。此时,可将灭火方式对着火者造成的低温烫伤、窒息等因素放到第二位。

1.1.4 压缩气体引发的火灾

对于压缩气瓶中压缩气体引发的火灾,一般通过关闭阀门(切断气源)的方式熄灭。但如果实施过程有风险(例如靠近气瓶阀门处起火),那么必须用干粉或二氧化碳灭火器灭火后,再关闭气瓶阀门。

对于已经被火加热的气瓶,要求用来自安全位置的水源对其进行冷却。同时,出于爆炸风险的考虑,必须尽快疏散该区域人员。需要注意:经历火灾的压缩气瓶不可再用,须贴好标签返回灌装公司。

1.2 危险物质的日常管理

1.2.1 危险物质的存放

危险物质或试剂存放不当,会对实验人员的健康及环境造成危害。一般而言,危险物质与试剂只能存放在能耐受一定压力的容器内,而且容器上必须明确标注试剂的相关信息。

(1)容器标识

实验室内,盛装化学试剂的试剂瓶必须贴有标识。标识内容至少包括物质的名称、成分、危害符号、危害说明以及需遵守的安全防护措施,但如果能够从实验室内的化学品安全技术说明书(MSDS)中查到试剂的使用风险和安全防护相关信息,则只需标注名称、危害符号以及相关危害。除了上述基本标识信息,首次开启试剂瓶的日期信息也应予以记录。注意:不应用中文简写或英文缩写作为容器标识内容。

(2)容器属性

在选择试剂的盛装容器时,要考虑两者发生反应的可能性(如不能用玻璃容器盛装含氢氟酸的物质);若使用塑料容器,则要考虑老化带来的风险。部分化学品需要存放在棕色试剂瓶中,以避免因光照引发的化学反应。试剂瓶中的物质如果有可能因反应产生高压,需选用具有安全阀的容器,确保在产生高压后能够通过安全阀卸载压力。对于某些易制爆试剂(如高氯酸、硝酸),其储运还要考虑因外力产生的破损,此时容器一般要放入不易破损的外包装容器,并在容器与外包装之间加入软质木屑。

(3) 容器安全存放

实验室内化学品存放量越少越好,常用试剂的存储容量一般不超过 1 L。考虑到需双手取用化学试剂,化学品的容器要求放置在安全高度(约 175 cm)以下的搁架或药品柜中。若超出这一安全高度,化学品的取用过程中则存在因容器掉落所致的关联风险。

对于容易自燃的物质(如烷基铝、氢化锂铝、白磷和自燃金属),容器存放应特别小心。要注意这类室温下易于自燃的物质,不仅不能与具有爆炸性、氧化性、高度易燃、极易燃和易燃的物质一起存放,而且要放在无火灾蔓延风险的地方。

建议使用带有耐蚀底盘并连接通风系统的专用药品柜存放试剂容器。在容器存放过程中要注意以下几个方面:

①具有挥发性和腐蚀性的试剂,不应置于同时存放易燃液体的试剂柜内。例如:碘具有挥发性和刺激性,应储存在通风阴凉处,与氨、活性金属粉末等分开存放。

②通风橱不能用于存放危险物质(如发生事故,通风柜存放的化学品可能会造成更为严重的危险)。

③高氯酸及高氯酸盐属于易制爆试剂,还会侵入木材并损害木质柜体。因此,需用专门的通风药品柜来贮存高氯酸及高氯酸盐。

1.2.2 危险物质的取用、检查与转移

(1) 危险物质的取用

高毒性制剂或药品必须实施双人双锁管理,防止误用或错用。实验人员只有得到实验室安全负责人的允许才能取用危险品,且要求取用人员经过相关的安全培训。若维修和清洁人员在相关区域工作,实验室安全负责人必须告知潜在危险,开展安全培训,并提供个人防护装备。

(2) 危险物质的库存检查

实验室安全管理人员应确保至少每年一次检查实验室内所存放的危险物质,须妥善处理不再需要的或者已经无法使用的危险物质或试剂。在库存检查中,要特别注意存放期内危险物质的质变。例如:很多静止状态下的有机液体,即使与很少量的空气接触,也可能形成具有爆炸性的过氧化物。

(3) 危险物质的转移

危险物质的转移或运输会增大实验空间的蒸气、悬浮物或飞溅物的浓度,这些物质的释放会增加实验室的危险性。所以,从桶、大玻璃瓶或其他容器中转移危险物质时,需使用专用工具(比如在向细颈器皿中灌装试剂时,应使用漏斗且要注意灌装容器内的空气是否易于排出)。用于危险物质转移的专用器材主要有蠕动泵、坛倾斜器、虹吸抽液泵等,这些设备主要能防止液体倾倒初期,由于难于控制灌装流速所致危险物质喷溅或溢出。

易碎玻璃容器在搬运时必须采用有底部支撑的辅助工具,这样才可以保障玻璃容器在运输中的安全。运输辅助工具(桶、运载盒或推车等)都最好配上托盘。

要注意挥发性危险物质和冷冻液化气体不可以用电梯运输。

1.2.3 危险物质的处理

普通的实验固体废弃物,应放入固体废物缸并做好标识。对于具有锋利边缘的废弃物例如碎玻璃、针头等应放入指定的废物桶,同样做好标识。

液体废物应倒入对应的废液桶,例如:酸性废液应倒入酸性废液桶,碱性废液倒入碱性废液桶,有机废液倒入有机废液桶。对于有危险性的废液,应先进行无害化处理再倒入废液桶。例如:含碘的废液,应先用硫代硫酸钠溶液处理,再倒入指定的无机废液桶。注意:固体及液体废弃物应由专业公司处理。

1.3 压缩气体的使用安全

1.3.1 压缩气体气瓶的识别

存储常用气体的钢瓶一般用钢瓶颜色与字体颜色做标识(表 1-1)。注意:已确定用途的气瓶只能装同一种组分或同一浓度的气体,混装气体会产生严重后果(或爆炸,或损毁仪器设备,使监测样品数据不准)。

表 1-1　　　　　　　　　　　各种气体钢瓶标识

气体类别	瓶身颜色	字样	标字颜色
氮气	黑	氮	淡黄
氧气	天蓝	氧	黑
氢气	淡绿	氢	大红
空气	黑	空气	白
氨	淡黄	液化氨	黑
二氧化碳	铝白	液化二氧化碳	黑
氩气	银灰	氩	深绿

安装压缩气瓶的专用房间和实验室必须标有警告标志(比如"高压气瓶");且每个气瓶必须有标明联系人和气瓶使用状态的标识牌。

1.3.2 压缩气瓶的摆放位置要求与固定

严格意义上讲,高压气瓶应置于实验室外且通风良好的专用房间,气瓶应直立固定,远离火源(一般规定,气瓶距明火热源 10 m 以上)与高温热源隔离。若必须安装在实验室内,应放入配有自动报警系统、温控系统和自动排风系统的气瓶柜内。如果不能满足上述条件,且实验要求还要放置在室内,气瓶必须用铁链或气瓶架固定好。注意:氧气瓶和可燃气体气瓶不能同放一室。放气瓶的房间应满足以下几个要求:

①保持良好通风,避免阳光直射。
②室温不要超过 35 ℃。
③室内不要用明火。

④室内要求采用防爆型的电器开关。
⑤室内不要放置易燃、易爆和腐蚀性药品。

1.3.3 有毒气体使用

在使用含有有毒、剧毒、致癌、致基因突变或生殖毒性气体时,气瓶必须安装在通风柜或通风气瓶柜中。此外,为降低有毒气体相关实验的危险性,要尽量使用小钢瓶(8 L或更小容量)。

1.3.4 强氧化性气体使用

用于强氧化性气体(氧气、氟气和一氧化二氮)气瓶的连接件、压力表、密封件和其他部件都不能接触油脂,不可使用沾油的清洁布或手指与其接触。若用脱脂溶剂除油,使用完毕必须采用无油空气吹扫干净。

1.3.5 气瓶阀门与减压器

(1)气瓶阀门

用于易燃气体和氧化性气体的压缩气瓶阀门,在使用前应缓慢打开,使用后必须关闭。其目的是防止阀门失火。缓慢开启操作适用于所有易燃及氧化性的气体,尤其是氢气、氧气和氟气。

不可使用任何能增大扭矩的工具(如扳手)开/关阀门。如果压缩气瓶的阀门不能用手拧开必须停止使用,做好相应标记后返给灌装公司。注意:内装腐蚀性气体(如氯气)的压缩气瓶阀门特别容易被堵塞,若发生堵塞必须停止使用,做好标记后返给灌装公司。

(2)气瓶减压器

高压气瓶内气体都要经过减压器,将压力降至实验所需范围,再经过压力细调后输入实验系统。一般而言,气瓶减压器内有高压腔和低压腔两部分。其高压腔与气瓶相连,其压力显示值为气瓶内气体的压力;其低压腔与实验系统相连,低压表的压力可由调节开关控制。此外,气瓶减压器一般都有安全阀,其作用是当减压阀内气体超过一定值时,安全阀会自动打开放气。注意:气体减压阀不可混用。为防止误用,H_2减压阀采用左牙纹(反向螺纹);O_2减压阀要求"禁油"。

1.3.6 气瓶检漏

在高压气瓶开启后,要求对气瓶阀门、减压器以及气路接头进行检漏。进行气体检漏的主要方法是:

①一般情况可用肥皂液检漏,如有气泡则说明有漏气现象。要注意氧气气瓶不能用肥皂液检漏,因为氧气容易与有机物质反应而发生危险。

②可以用棉花蘸氨水接近液氯气瓶可能的漏点,如有白烟说明有漏气。

③可以用润湿的红色石蕊试纸接近液氨气瓶可能的漏点,若试纸由红变蓝说明有漏气。

1.3.7 高压气瓶的运输

压缩气瓶必须使用专用的辅助工具运输,并必须安装安全盖。这里,辅助工具主要是指气瓶运输推车,运输前要将气瓶在运输车上固定,且要确保这种推车运输中不侧翻。若要在电梯升降机中运输,要求运输过程中不得有人随行。

1.4 用电安全

1.4.1 电气安全常识

(1) 供电线路设计

总电源开关要求安装在实验室容易进出的地方,以便在紧急情况下快速切断电源。室内照明、通风、实验工作台及专用供电线路必须单独铺设,大功率用电设备也应尽可能使用独立电路;实验室供电必须预先铺设电缆,不允许使用串联复式插座。如遇事故在不得不断开用电设备前,要确认设备持续运行是否重要,如反应釜中的搅拌器。

(2) 正确使用插座

实验台上的开关和插座可安装在实验台面以上,也可安装在台面以下;但要尽量远离实验的操作区,这样可以防止由液体泄漏或喷溅引发的危险。要做好应急喷淋装置喷洒范围内开关和插座的淋水防护,这里所指的喷淋范围是应急喷淋的水雾锥所能浸湿的区域。通风柜内的电源开关必须安装在通风柜外,如果通风柜的工作区域需要使用插座,则必须在通风柜外能够独立关闭该插座电源。

要定期检查插座内触点状态,若发生锈蚀应及时更换。已锈蚀的电源接头可能会导致高阻抗,使用中可使开关升温,严重时可能引起火灾。

(3) 接地

实验室内所有用电设备(220 V/380 V)都应配置地线;超高压用电设备(比如静电纺丝设备)要配备独立的地线,以免对其他用电设备产生干扰。

(4) 漏电保护器、空气开关以及急停开关

自行搭建的实验设备应配置漏电保护器、空气开关和急停开关。漏电保护器可用于防止因电器设备漏电而造成的电器火灾,有时漏电保护器还具有过载保护、过电压/欠电压保护、缺相保护等功能。空气开关也叫断路器,在电路中起接通、分断和承载核定工作电流的工作,能在线路发生过载、短路、欠压情况下进行保护。急停开关一般置于仪器设备的最明显位置,以便实验人员在出现危险时能及时按下开关,断开设备电源。

(5) 电子电路搭建

在搭建电子电路时,实验前应合理规划,避免触电短路。电子电路与电池或电解池的接口应使用专用的接头元件(如香蕉头接头)连接,要避免采用不牢固的临时连接。对于焊接后裸露的元件部位,要使用热缩管或绝缘胶带绝缘密封,防止可能的短路或断路。

1.4.2 常用仪器设备用电安全常识

（1）电热设备

电炉、干燥箱（烘箱）、气氛管式炉、专用加热棒或加热片都是用来加热的用电设备，这些设备在使用中，要注意以下几个问题：

①电热设备应放在没有易燃、易爆性气体和粉尘，且通风良好的专用房间，设备周围不能有可燃物及其他杂物。

②电热设备要使用专用的供电线路和插座。

③电热设备接通后不可长时间无人看管，要有人值守、巡视。实验中，要求确保探测温度的传感器（如热电偶）始终在被加热的物体中。

④不要将未预热的器皿放入高温电路，不要在电热设备温度上限长时间运行。

⑤应用挥发性易燃物（如乙醇、丙酮）淋洗过的样品、仪器不可直接放入烘箱加热，以免发生着火或爆炸。

（2）防爆冰箱

由于冰箱内部能形成危险爆炸环境，其内部不得有任何形式的火源，不能存放剧毒、易挥发或易爆的化学试剂。保存化学试剂的冰箱应安装内部电器保护装置，最好使用防爆冰箱。对于标准设计的冰箱（民用），避免火源的方法是：

①切断冰箱内光源和光源开关。

②温度控制器配备可靠的安全电路。

③断开内部风扇，关闭自动除霜系统。

注意：冰箱的防爆处理，必须邀请专业的技术人员进行。

（3）空调器

空调器如果使用不当也会引起火灾。使用空调时应做到：

①空调器应配有专用插座且保证良好接地，导线和空调器功率要匹配。

②空调器要有良好的散热环境，周围不能堆放易燃物品，室内窗帘不能搭在空调上。

③空调开启后，温度不要设置的太低，更不要长时间的低温度运行。空调使用中要把门窗关好，提高空调的使用效率。

④空调使用中要定期检查空调器元件，定期检测制冷温度，定期擦洗空气过滤网，出现故障后要联系专业人员维修。

1.5 实验室应急设备的使用方法

1.5.1 应急喷淋

实验室出口附近必须安装应急喷淋，其水质须达饮用水标准，水流量要求至少 $30\ L\cdot min^{-1}$，这样才能够达到快速排除化学试剂污染和人身灭火的目的。应急喷淋的位置选择，要求从实验室的任何位置到达应急喷淋都应不超过 5 s。应急喷淋的位置必须有标识(如"应急喷淋"),其出入通道必须保持随时通畅。此外,在应急喷淋下方地面要有黑/黄相间条纹的醒目标识。应急喷淋的控制阀门必须固定,置于在人员易于靠近且容易辨识的位置。应急喷淋打开方向必须十分明显,阀门不可自行关闭。实验室安全管理人员应定期检查和维护设备,不要使水长期静止在供水管道中。

1.5.2 应急洗眼设备

化学实验室内必须配备应急洗眼设备,其水质同样须达饮用水标准。应急洗眼装置的每个出水口必须保证至少 $6 L \cdot min^{-1}$ 的水流量,水柱高度必须在出水口上方 15～20 cm 的位置。

应急洗眼设备最好安装在应急喷淋或水池附近,安装位置同样要求从实验室的任何位置到达不超过 5 s。应急洗眼设备必须有位置标识(比如"应急洗眼"),且其控制阀门的组件必须易于触及、固定且容易操作。一旦打开应急洗眼装置的阀门,要求水流不可自行关闭;允许使用带把手、能自动关闭的移动应急洗眼装置,允许使用只有一个出水口的移动应急洗眼装置。

冲洗眼睛时必须将眼睑充分分开,冲洗所有的化学残渣,连续冲洗一段时间(建议至少冲洗 10 min)后,还要立即就医检查。

1.5.3 实验室应急设施分布图

在实验室入口附近显著位置,要放置实验室应急设施分布图,如图 1-1 所示。实验室的布局简图能够清晰显示各应急设施所在位置。

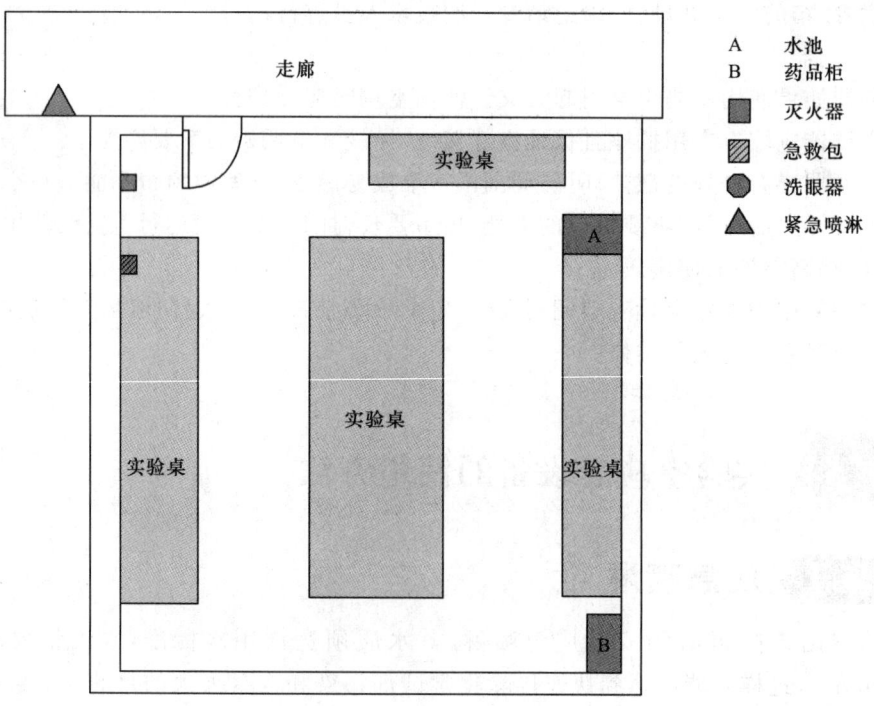

图 1-1 实验室应急设施分布图

1.6 实验室个人防护与卫生管理

实验室安全管理人员必须为在实验室工作的所有人员(包括本科生、研究生以及清洁人员)提供充足的个人防护装备,且要求实验室人员必须按照规定使用这些个人保护装备。

1.6.1 眼部防护

实验室内全体人员需全程佩戴有侧面保护功能的护目镜。当实验操作对眼部有其他特别危害时,必须佩戴更专业的眼部防护装备。如果打开容器存在严重的腐蚀灼伤风险(如开启膨胀的容器、取出卡在外壳内的试剂瓶),操作人员除了护目镜之外还需要佩戴防护面罩、保护手套和防护服。

注意:护目镜在使用完毕清洁后,应独立存放于塑料袋内存储。

1.6.2 手部防护

(1)保护手套的选择和使用

当进行与手部有关的危险实验工作时,必须佩戴手套。手套的选择要根据实验用途来定,且每次使用前要检查是否有磨损。在使用手套过程中要注意:

①破损或者某种程度上无法使用的手套应立即更换。

②不要戴手套接触光源开关、门把手、洗手池的自来水龙头、手机、键盘和书写工具等,防止污染扩散。

③经常性、长时间戴手套对手部皮肤有害。对乳胶材质过敏的人群,可以选择涂粉或富含蛋白的乳胶手套。

(2)手套材料的渗透

实验室常用的防护手套一般只能短时间内防止皮肤与化学溶剂接触。如果需长时间接触化学试剂或者化学试剂会很快渗入手套,必须谨慎选择防护手套。在这些情况下,建议与手套厂家沟通,明确防护手套耐渗透的相关信息,确认能否在该实验场景内适用。

1.6.3 实验室通风与呼吸防护

为了防止实验人员直接吸入有害气体、蒸气或微粒,所有涉及挥发性、有毒、有害物质(含刺激性物质)或毒性不明的化学物质的实验操作必须在通风橱(柜)中进行。在使用过程中,为了保持有足够的风速能将有毒、有害气体带走,应尽量使通风橱的柜门放低,且要注意实验操作中不可将头伸进通风橱内。

在实验规划中,应避免危险物质达到危险浓度;如果无法避免,呼吸防护不仅要考虑直接实验人,而且要考虑到其他实验接触人员(相邻实验台的操作人员)。注意:佩戴呼吸防护装置不应作为一种永久性的实验防护手段,应该通过改进实验工艺、实验通风设施等方面改善实验环境,降低防护面罩的使用频次及时间。

实验室安全管理人员必须定期清洁并检查呼吸防护面罩,确保其工作状态良好。个人防护装备的维护周期要根据工作条件来定。如果实验工作是要求多人连续佩戴呼吸防护装置,实验室管理人员必须确保每人使用后,都要对共用的呼吸防护装置进行清洁、消毒和检查。

1.6.4 实验服与鞋

在实验室工作时应穿着实验服或防护服,这样可防止实验人员的身体与皮肤受到伤害,同时还可以确保不受化学污染。实验服一般要求长袖、紧袖、过膝且含棉量在35%以上,通常普通衣服不适合做实验服。

穿着实验服可以防止化学污染的蔓延,如遇危险立即脱掉实验服,能够极大降低有害物质与皮肤接触的概率;如果身上着火,立即脱下(拉下)实验服能阻止火焰蔓延。实验室内实验服的使用,还要注意以下几点:

①实验服与普通衣物必须分开单独存放。
②建议穿着与实验服具有相似质地的外衣和内衣。纯合成材料的衣物通常具有危险的燃烧及熔化特性。
③不可穿着实验服进入办公室、会议室、食堂等公共场所。
④实验服应经常清洗。但不应到普通的洗衣店或家中洗涤。

实验人员应穿着结实、防滑的满帮鞋(图1-2)。除了要合脚和防滑,一旦危险物质滴落或掉落,这种鞋能对脚起到一定的防护作用。

图1-2 实验室用鞋

1.6.5 实验室管理与卫生

(1)食物、饮料和化妆品

禁止实验人员将食物、饮料带入存放危险物质的实验室,禁止实验人员使用化妆品。实验楼内必须设置专区,保障实验人员能够存储和使用食物和饮料,且只能用专用设备来加热食物与饮料,只能用专门标记好的冰箱来冷藏食物和饮料。要注意:食物和饮料不能与化学试剂放在相同位置;用于盛装食品或饮料的容器不可用来装化学试剂;同样,不可用化学试剂瓶盛放食物、饮料。

(2)实验室卫生

考虑到化学污染物存在非故意接触传播的风险,实验室要建立明确的卫生管理制度,定期清洁以保障实验场所内化学污染物能被及时清除。此外,地面积水或残油也会有致使实验人员滑倒的危险,若存在也应及时清理。在卫生清理过程中务必小心,避免在实验室内扩散污染。例如:戴受化学污染的手套接触通风柜推拉门、手机、键盘、门把手、设备和书写工具等。

1.7 实验室安全事故的紧急处理与救援

1.7.1 火灾逃生

建筑物内着火,火势一般会先突破门窗;烟火在室内主要沿走廊蔓延,遇楼梯、电梯等竖直管井,会形成"烟囱效应"被迅速向上抽拔,蔓延至楼上各层。在室外,一般通过窗口或孔洞,由建筑外部向上发展。要清楚虽然火势延烧需要一个过程,但此时高温和有毒烟气会瞬间升腾,并布满火场空间。众所周知,火灾中大约80%的死亡人员是由于吸入毒性气体窒息至死,因此迅速逃离火场至关重要。

实验人员一旦发现或者意识到自己可能被火围困,要立即放弃手中的工作,争分夺秒设法脱险。逃生过程应做到以下几点:

(1)要沉着冷静,不要忙乱

突遇火灾,面对浓烟和烈火,首先要令自己保持镇静,迅速判断危险地点和安全地点、决定逃生办法,要尽快撤离险地。千万不要盲目跟从人流、相互拥挤、乱冲乱窜。要注意:朝明亮处或外面空旷地方撤离,尽量往楼下撤离。若逃生通道已被烟火封阻,则应背向烟火方向离开,通过阳台、气窗、天台等往室外逃生。由于烟气比空气轻,贴近地面撤离是避免烟气吸入、滤去毒气的最佳方法,因此可以蒙鼻匍匐前进,但要注意行进方向并加快速度。

(2)准备必要的防护

要迅速做些必要的防护准备(如穿上防护服或质地较厚的衣物,用水将身上浇湿或披上湿棉被;用湿毛巾或口罩捂住口、鼻),尽快离开危险区域,切不可延误逃生良机。在跑离火场过程中,应选择烟气不浓,大火尚未烧及的楼梯、应急疏散通道、楼外敞开式楼梯等往下跑。一旦在逃生过程中受到烟火或人为封堵,应水平方向选择其他通道或临时退守到房间或避难层内,争取时间采取其他方式逃生。如果因火场等客观条件所限,自主逃生无法施行,也可向上跑到楼顶平台处挥舞衣物、发出呼叫、等候救援。

(3)确定逃生路线。

盲目追从他人的慌乱逃窜,不但会贻误撤离火场的时间,还容易影响他人引起骚乱。因而,在消防演习中要牢记紧急疏散安全路线,亲自走几趟做到心中有数。理想的逃生路线应是路程最短,障碍最少而又能一次性抵达建筑物外地面的路线。此外,最好再熟悉一条备用的安全疏散路线,做到有备无患。

建议高层实验室准备消防救生绳,一端紧固在暖气管道或其他足以负载体重的物体上,另一端沿窗口下垂至地面或较低楼层的窗口、阳台处,火灾发生时可顺绳下滑逃生;注意应将绳索结扎牢固,以防负重后松脱或断裂。

1.7.2 触电急救

倘若触电事故发生,现场急救十分关键。如果处理的及时、正确,并能迅速进行抢救,很多触电者虽心脏停止跳动、呼吸中断,仍可获救。抢救触电者应设法迅速切断电源,使其脱离电源后立即就近将其移动至干燥与通风场所,切勿慌乱和围观。然后,进行情况判别并对症救护。

(1)对症救护

①对于伤势不重、神志清醒,但有些心慌、四肢发麻、全身无力,或触电过程中曾一度昏迷但已经醒来的触电者,应让其安静休息并严密观察。也可请医生来诊治,或必要时送往医院。

②对伤势严重、已失去知觉,但仍有心脏跳动和呼吸的触电者,应使其舒适、安静地平卧。不要围观让空气流通,同时解开其衣服包括领口与裤带,以利于其呼吸。

③对伤势严重,呼吸或心跳停止甚至两者都已停止,即处于"假死状态"的触电者,则应立即施行人工呼吸和胸外心脏按压进行抢救,同时速请医生或速将其送往医院。

(2)现场救护方法

对触电者进行现场救护的主要方法是心肺复苏,包括人工呼吸法与胸外按压法两种急救方法。这两种急救方法对于抢救触电者生命来说至关重要,一般情况上述两种方法要同时施行。

①人工呼吸法

进行人工呼吸时,首先要保持触电者气道畅通,捏住其鼻翼,深深吸足气,与触电者口对口接合并贴近吹气,然后放松换气,如此反复进行。开始时可先快速连续而大口地吹气4次。此后,施行胸部按压频次12~16次/min。对儿童为20次/min。

②胸外心脏按压法

让触电者仰面躺在平坦硬实的地方,救护人员立或跪在伤员一侧肩旁,两肩位于伤员胸骨正上方,两臂伸直、肘关节固定不屈,两手掌根相叠。此时,贴胸手掌的中指尖刚好抵在触电者两锁骨间的凹陷处,然后再将手指翘起,按压时抢救者的双臂绷直,双肩在患者胸骨上方正中,垂直向下用力按压且匀速进行,按压频次为80~100次/min,每次按压和放松的时间要相等。

当胸外按压与人工呼吸两法同时进行时,其节奏为:单人抢救时按压15次,吹气2次,如此反复进行。双人抢救时,每按压5次,由另一人吹气1次,可轮流反复进行。判断救护是否有效的方法是在施行按压急救过程中再次测试触电者的颈动脉,看其有无搏动。

1.7.3 化学中毒的现场急救

(1)急救物资、设备和解毒试剂的准备

实验室安全管理人员必须在实验室内提供足量的急救物资、设备与解毒剂,且能及时补充。如果工作中牵涉危险的化学品,如氢氟酸、苯酚或其他对呼吸道有腐蚀或刺激性的物质,急救箱或急救柜中必须存放解毒剂。要注意解毒试剂或相关产品必须咨询过医生后再准备。

(2) 消除实验人员身体化学污染的一般方法

实验人员若身体接触了危险物质,必须立即用水彻底清洗(必要时可用肥皂)。被危险物质污染的衣物物品,包括内衣、紧身裤袜和鞋,也都必须立即脱掉并及时处理,以免危及他人。注意:在任何情况下,都不应使用溶剂或其他危险物质清洗。如果大面积皮肤接触危险物质,建议应立即使用应急喷淋。用聚乙二醇去除皮肤上不溶于水的、黏稠的或酯类危险物质。

实验人员若吸入有害健康的物质或者出现疑似情况,要立即准备就医。首先,通过电话通知医院做好急救准备,通知时应尽可能说清是什么中毒、中毒人数、侵入途径和大致病情,就医途中最好让实验人员平躺。注意:虽然吸入如氨气、氯气、氮气或光气这样的物质之后,中毒者看起来可以走路,但是可能存在潜在的严重情况,也应平躺运送。

(3) 现场救护的一般方法

① 首先将病人转移到安全地带,解开领扣,使其呼吸通畅,让病人呼吸新鲜空气;脱去污染衣服,并彻底清洗污染的皮肤和毛发,注意保暖。

② 对于呼吸困难或呼吸停止者,应立即进行人工呼吸,有条件时给予吸氧和注射兴奋呼吸中枢的药物。

③ 心脏骤停者应立即进行胸外心脏按压。现场抢救成功的心肺复苏患者或重症患者,如昏迷、惊厥、休克、深度青紫等,应立即送医院治疗。

(4) 眼与皮肤化学性灼伤的现场救护

① 强酸灼伤的急救

硫酸、盐酸、硝酸都具有强烈的刺激性和腐蚀作用。硫酸灼伤的皮肤一般呈黑色,硝酸灼伤呈灰黄色,盐酸灼伤呈黄绿色。被酸灼伤后,应立即用大量流动清水冲洗,冲洗时间一般不少于 15 min。彻底冲洗后,可用 2%~5% 碳酸氢钠溶液、淡石灰水、肥皂水等进行中和。切忌未经大量流水彻底冲洗,就用碱性药物在皮肤上直接中和,这会加重皮肤的损伤。处理以后的创面治疗,按灼伤处理原则进行。

若强酸溅入眼内,在现场立即就近用大量清水或生理盐水彻底冲洗。冲洗时应将头置于水龙头下,使冲洗后的水自伤眼的一侧流下,这样既可以避免水直冲眼球,又不至于使带酸的冲洗液进入另一侧眼睛,冲洗时应拉开上下眼睑,使酸不至于留存眼内和下穹窿而形成留酸死腔。如无冲洗设备,可将眼浸入盛有清水的盆内并拉开下眼睑,摆动头部洗掉酸液。切忌惊慌或因疼痛而紧闭眼睛,冲洗时间应不少于 15 min。经上述处理后,立即送医院眼科进行治疗。

② 碱灼伤的现场急救

碱灼伤皮肤,在现场立即用大量清水冲洗至皂样物质消失为止,然后可用 1%~2% 醋酸或 3% 硼酸溶液进一步冲洗。对 Ⅱ、Ⅲ 度灼伤可用 2% 醋酸湿敷后,再按一般灼伤进行创面处理和治疗。

眼部碱灼伤的冲洗原则与眼部酸灼伤的冲洗原则相同。彻底冲洗后,可用 2%~3%

硼酸液做进一步冲洗。

③氢氟酸灼伤的急救

氢氟酸对皮肤有强烈的腐蚀性，渗透作用强，并对组织蛋白有脱水及溶解作用。皮肤及衣物被腐蚀者，先立即脱去被污染衣物，皮肤用大量流动清水彻底冲洗后，继续用肥皂水或2％～5％碳酸氢钠溶液冲洗，再用葡萄糖酸钙软膏涂敷按摩，然后再涂以33％氧化镁甘油糊剂、维生素AD软膏或可的松软膏等。

④酚灼伤的现场急救

酚与皮肤发生接触者，应立即脱去被污染的衣物，用10％酒精反复擦拭，再用大量清水冲洗，直至无酚味为止，然后用饱和硫酸钠湿敷。灼伤面积大，且酚在皮肤表面滞留时间较长者，应注意是否存在吸入中毒的问题，并积极处理。

⑤黄磷灼伤的现场急救

皮肤被黄磷灼伤时，应及时脱去污染的衣物，并立即用清水（由五氧化二磷、五硫化磷、五氯化磷引起的灼伤禁用水洗）或5％硫酸铜溶液，或3％过氧化氢溶液冲洗，再用5％碳酸氢钠溶液冲洗，以中和所形成的磷酸。然后用1∶5 000高锰酸钾溶液湿敷，或用2％硫酸铜溶液湿敷，以使皮肤上残存的黄磷颗粒形成磷化铜。注意：灼伤创面禁用含油敷料。

2 电化学实验技术

2.1 电极与电解质溶液

2.1.1 工作电极(研究电极)

工作电极的材料选择一般由研究目的决定。使用前,为了除去电极表面杂质,工作电极一般需要进行表面预处理。电极的预处理一般有以下几种方法:

①除油。用乙醇、丙酮或特定溶剂对电极表面进行清洗,以去除表面油脂。操作方法可简单冲洗,也可置于盛有清洗溶剂的超声波清洗器中清洗。

②机械抛光。应用金相抛光机,采用不同目数的砂纸或专用磨料(如:金刚石或氧化铝研磨膏)进行机械抛光。要注意机械抛光方法对于一些软质金属(如铅)不合适,因为硬质磨料颗粒可能会在抛光过程中嵌入电极表面,造成电极污染。

③化学浸蚀。化学浸蚀在半导体电极研究中较常用,其浸蚀液有浓 H_2SO_4、铬酸、王水等。

④退火处理。对于某些金属电极或单晶(如:Pt、Pd 和 Fe),吸附态氢和氧化物是其表面的主要杂质。氢吸附不仅能发生在电极表面,有可能还会渗入金属内部;其表面氧化物也不一定以单层形式存在,很可能多层沉积在金属表面。此时,退火预处理成为比较理想的表面处理方法。一般情况下的实验操作如下:将金属放在纯氢火焰中加热除去氧化物,放在真空中加热除去表面吸附的氢,然后缓慢地冷却至室温。退火处理温度依金属而定,Fe 和 Pt 要求 900 ℃,Au 和 Ni 分别为 550 ℃和 600 ℃。

⑤电化学预极化。电化学预极化一般是表面处理的最后一步,其实施方法因电化学体系的不同而不同。操作中可恒电位还原,也可按某一规律施加阶跃电位还原,可阴极还原与阳极氧化反复交替,或者在指定电位区间内进行循环伏安扫描。

工作电极的电化学表面积对于其活性评价至关重要。然而,固体电极的电化学表面积至今尚无广泛适用的实验表征方法。当前,常用的量化分析方法有双电层电容法和吸附电量法两种。双电层电容法是利用固体电极双层电容与单位面积 Hg 电极双层电容的比值来确定电化学比表面积的实验方法。这种方法适用于与 Hg 电极结构相似的金属,如 Pb、Ag、Sn、Bi 等。对于贵金属(如 Pt)电极,由于中间产物吸附和法拉第电流常同时存在,难以形成理想极化电极,这使双电层电容法的应用受到限制。此时,多采用吸附电量法标定电化学表面积。吸附电量法主要利用金属表面的欠电势沉积性质,通过电位扫描在电极表面形成单层 H 吸附层,即每一金属原子对应一个吸附原子。进一步通过对比单晶金属表面 H 的吸附电量,可获取工作电极表面真实的电化学表面积。

2.1.2 对电极(辅助电极)

对电极(辅助电极)与工作电极构成两电极体系,共同形成电流回路。若工作电极表面发生还原反应,则对电极表面会发生氧化反应,反之亦然。电化学实验中,对电极(辅助电极)材料多用 Pt 片或 Pt 网,这不仅由于 Pt 在强酸强碱电解质中稳定,也由于其在高氧化电位下同样可以稳定存在。考虑到 Pt 的材料成本,在酸性溶液中(如 H_2SO_4 溶液)可使用 PbO_2 作为对电极;在碱性溶液中可使用 Ni 作为对电极。

实验中,要避免对电极(辅助电极)对工作电极及其附近电解质产生的影响。以析氢或析氧电极研究为例,对电极(辅助电极)析出的气体不仅能影响工作电极界面体系的 pH 与对流状态,还会参与到工作电极反应中。此时,电解池一般要设计成两个独立的腔室,其中分别放置工作电极和对电极,腔室间用多孔玻璃、电解质隔膜分隔。

2.1.3 参比电极

(1)参比电极的选择

电化学系统中的所有电势的测量都是通过参比电极来实现的。理想参比电极的电极过程是可逆的,在测量过程中电势要求是不变的,故一般选用理想不极化电极作为参比电极。从另一个角度讲,参比电极相界面所达平衡在测量过程中要求是不变的。就这一点,任何电极如果热力学性质已知,在平衡状态下都可作为参比电极。然而,没有任何一个电极在平衡电势下是完全可逆的。由于参比电极所需的理想可逆状态在真实电极体系中难以达到,为此一般会选择测量过程中电势偏离比较小的电极作为参比电极。

(2)参比电极的电势漂移

在工作电极、对电极以及参比电极所构成的三电极体系中,工作电极与参比电极之间会存在痕量电流。此时,即使有非常微弱的电流流经参比电极,都将会影响参比电极的平衡态。其电势偏移的大小——界面过电势(η_s)与电流密度(i)的函数关系如式(2.1)所示。其中,R 为气体常数,T 为温度,α_a 与 α_c 分别为阴极过程和阳极过程的传递系数。可见,η_s 会随着表观交换电流密度(i_0)的增加而降低。从另一个角度讲,表观交换电流密度大的电极更为稳定,更适合作为参比电极。

$$i = i_0 \frac{(\alpha_a + \alpha_c)}{RT} \eta_s \tag{2.1}$$

应用参比电极开展电势测量,电势偏差产生的第二个原因是杂质。在电极测量体系内,杂质将会以下方式影响电极电势的测量结果。

①杂质会侵蚀电极,打破电极平衡,改变电极电势。一些杂质会吸附/沉积在参比电极表面,改变界面组成进而影响电极电位。例如,氢电极建立平衡要依赖于表面金属的催化活性,如果催化剂被杂质毒化,所需平衡态将不会达到。此时,只有参比电极具有较高的 i_0,杂质对电极电位的影响才有可能降至最低。这是要求参比电极的 i_0 尽可能高的第二个原因。

②杂质将会改变反应物的活度。一些杂质会与反应物在溶液中形成络合物,这将改变电极电势。在非水溶液中,痕量水会对参比电极的电极电势产生显著影响。

③杂质将会改变电解质的性质。一些杂质（如 CO_2）将会对中性非缓冲溶液的 pH 产生影响。

(3) 氢参比电极

氢电极是水溶液体系中一类适用较广的参比电极，它不仅适用于许多温度、压力与 pH 环境，而且还可用于一些非水溶液以及部分水溶液的电化学体系。氢电极使用的不足之处在于其平衡电位过度依赖于氢电极的催化活性。我们知道：氢分子电催化解离所需活化能比其热解离更高（103.2 kcal/mol），可见氢电极的界面平衡只有在催化剂的帮助下才能建立。所以，氢电极的金属相不仅有传导电子的作用，而且还要作为催化剂解离氢分子。

通常条件下，氢参比电极的金属相要符合以下几个条件。

①金属相为贵金属。其本身在电化学体系中不发生溶解或腐蚀反应。

②金属相对氢解离有催化作用。要求金属相表面可以吸附氢原子，但不能与其形成氢化物，金属相晶格内不吸附氢原子。比如：钯是氢解离反应的最好的催化剂，但是其不适合作为氢参比电极，因为大量的氢原子将渗入金属相中。

③金属相表面最好为分散的纳米颗粒。由式(2.1)可知，表观交换电流密度 i_0 越高的电极体系越适合作为参比电极。这里，i_0 是电化学表面积和本征交换电流密度的乘积。其中，分散纳米颗粒易暴露更多的晶体缺陷，有助于金属相本征交换电流密度的提升；另一方面，分散的纳米颗粒也可大幅增加电极的比表面积。

氢电极在使用过程中，通入氢气所带的杂质要尽可能的少。少量的溶氧会使氢电极电势向更正的一侧漂移；少量的二氧化碳会改变电解质的 pH；其他的杂质（例如：砷和硫的化合物）将毒化催化剂，减短氢电极的使用寿命。总体而言，杂质会以下面三种方式影响氢参比的稳定性。

①杂质被氢还原形成可溶性产物。这种情况将严重消耗溶液中的氢，氢电极的电势将正向移动。溶氧、重铬酸根离子、三价铁离子等归于这一类。

②许多金属阳离子（例如银、汞、铜、铅等）可以被还原作为新的活性中心，这将改变氢电极金属相的催化活性。

③杂质的毒化。例如砷、硫的化合物和一些有机小分子会吸附在金属表面的活性中心毒化电极。

在水溶液中，氢参比电极能在较广的 pH 范围适用。氢参比电极在浓度高达 4 mol·kg^{-1} KOH 强碱溶液、17.5 mol·kg^{-1} 浓硫酸溶液中均适用，但不适宜在没有缓冲溶液的中性电解质溶液中使用。此时，痕量 H$^+$ 浓度变化引起电极界面 pH 数量级的变化，氢电极电势对溶液的 pH 会变得非常敏感。

氢参比电极的平衡电势可通过能斯特方程计算获取。在大多数氢参比的设计中，氢气是通过溶液鼓泡接触到金属相的，此时金属相表面氢气的有效压力可以通过式(2.2)所示的经验关系计算得到。

$$P_{H_2} = P_{bar} - P_{sole} + \frac{0.4h}{13.6} \tag{2.2}$$

式中：P_{bar} 是气压计的压力（mmHg），P_{sole} 是溶液的蒸气压，h 是气泡进入的深度。

除了氢参比电极，水溶液体系中常见的参比电极还有甘汞电极、氯化银电极、硫酸亚汞电极和氧化汞电极。附表1分别给出了这些参比电极的电位值。

2.1.4 电解质溶液

电化学体系中的电解质溶液一般由溶剂和改善溶液导电能力的电解质构成。最常见溶剂是水，电解质有 H_2SO_4、$HClO_4$、KOH、$NaOH$、KCl 和 $KClO_4$ 等。有时也可采用非水溶液作为溶剂，比如有机和有机金属化合物。非水溶液的介电常数比水小，这很大程度上限制了电解质的选择。其中，高氯酸盐、$NaBF_6$、$LiCl$、$LiAlCl_4$ 和 $LiAlH_4$ 以及一些季铵盐类有机物为常见的电解质。

2.2 电极体系的实验解析

2.2.1 两电极体系

在电化学测量中，两电极体系多用于评价原电池、电解池、超级电容器等电化学器件的整体性能。在性能评价中，电化学工作站的工作电极（WE）和感测电极（SE）在一起，对电极（CE）与参比电极（RE）在一起，两者分别连接在两电极体系器件的两端。

图2-1给出了两电极体系电解池的电势分布。若在开路条件，WE与CE间实际测得的电位差（ACP）为阴、阳极的平衡电势差（E_a），其由工作电极的界面电势差（$\Delta\phi_w$）和对电极的界面电势差（$\Delta\phi_c$）两部分构成。但若WE与CE之间存在电流，两电极体系的ACP为工作电极的界面电势差（$\Delta\phi_w'$）、对电极的界面电势差（$\Delta\phi_c'$）与电解质欧姆极化（iR_s）之和。可见，在极化测量过程中，两电极体系无法区分阴、阳极极化的贡献。

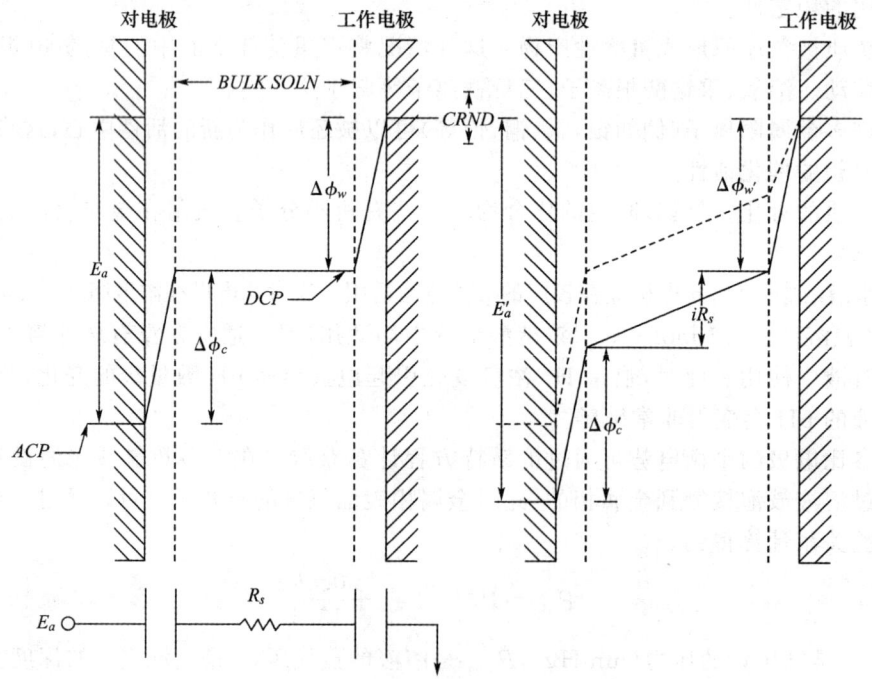

图2-1 两电极体系电解池电位测试的实际值

2.2.2 三电极体系

为了单独研究某一电极的极化行为,需要在电化学系统内引入参比电极形成三电极体系。此时,电化学工作站的 WE 和 SE,连接在三电极体系电解池的工作电极上;CE 和 RE 分别连接在三电极体系电解池的对电极以及参比电极上。

图 2-2 给出了三电极体系电解池的电势分布。若在开路条件,WE 与 CE 间实际测得的电位差(ACP)同样由工作电极的界面电势差($\Delta\phi_w$)和对电极的界面电势差($\Delta\phi_c$)两部分构成。但若 WE 与 CE 之间存在电流,三电极体系的 ACP 则以工作电极的界面电势差($\Delta\phi_w'$)为主,其值还包括部分(WE 与 RE 之间)电解质的欧姆极化(iR_w)。此时,若工作电极与参比电极无限接近,ACP 可视为 WE 的界面电位。

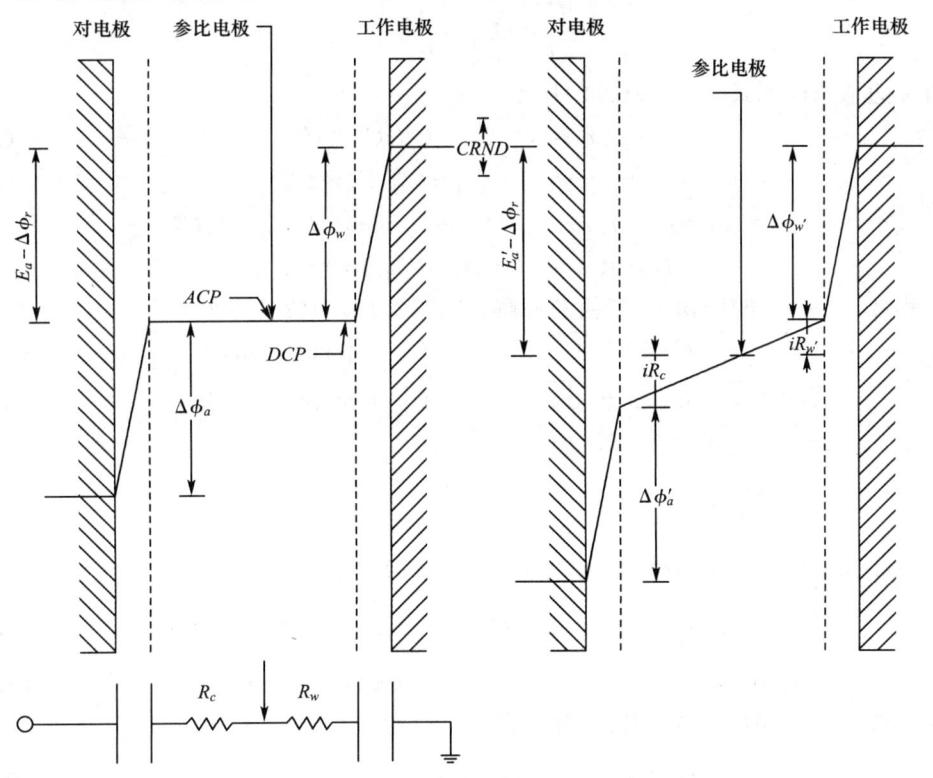

图 2-2　三电极体系电解池电位测试的实际值

2.3 电化学测试技术

2.3.1 电势阶跃法

电势阶跃法测量一般是将工作电极保持在某一预先选定的电位,跃迁到某一电位后保持不变,同时记录电流随时间的变化。对于简单电极反应,时间-电流曲线与电极反应可逆性和阶跃电位值有关;但若阶跃电位足够大,在测量时间内反应物浓度有趋近于零的可能性。此时,时间-电流曲线就与电极可逆性和阶跃电位值无关,仅与反应物扩散过程有关。

下面以单电子转移反应为例,介绍阶跃电势下的电流响应行为的理论表达。

(1) 可逆反应

电化学过程为可逆反应,如式(2.3)所示。假定电位由开路阶跃至电位 E。

$$O + ne \underset{k_b}{\overset{k_f}{\rightleftharpoons}} R \tag{2.3}$$

在半无限扩散的平板电极表面,反应物及产物浓度的变化可用 Fick 第二定律求解。

$$\frac{\partial C_O}{\partial t} = D_O \left(\frac{\partial^2 C_O}{\partial x^2} \right) \tag{2.4}$$

$$\frac{\partial C_R}{\partial t} = D_R \left(\frac{\partial^2 C_R}{\partial x^2} \right) \tag{2.5}$$

其初值和边值条件如式(2.6)~(2.9)所示。

$$t=0, x \geqslant 0, \quad C_O = C_O^b, C_R = C_R^b \tag{2.6}$$

$$t>0, x \to \infty, \quad C_O \to C_O^b, C_R \to C_R^b \tag{2.7}$$

$$t>0, x=0, \quad i/nFA = D_O(\partial C_O/\partial x) = k_f C_O^b - k_b C_R^b \tag{2.8}$$

$$D_O(\partial C_O/\partial x) + D_R(\partial C_R/\partial x) = 0 \tag{2.9}$$

方程(2.4)和(2.5)Laplace 变换的通解,如式(2.10)和(2.11)所示。

$$\overline{C_O} = C_O^b/p + [\overline{C_O}(x=0) - C_O^b/p] \exp(-\alpha_O x) \tag{2.10}$$

$$\overline{C_R} = C_R^b/p + [\overline{C_R}(x=0) - C_R^b/p] \exp(-\alpha_R x) \tag{2.11}$$

式中:

$$\alpha_O = (p/D_O)^{1/2} \tag{2.12}$$

$$\alpha_R = (p/D_R)^{1/2} \tag{2.13}$$

对(2.10)和(2.11)式求导,分别得式(2.14)和式(2.15)。

$$(\partial \overline{C_O}/\partial x)_{x=0} = -(p/D_O)^{1/2} + [\overline{C_O}(x=0) - C_O^b/p] \tag{2.14}$$

$$(\partial \overline{C_R}/\partial x)_{x=0} = -(p/D_R)^{1/2} + [\overline{C_R}(x=0) - C_R^b/p] \tag{2.15}$$

对边值条件式(2.8)和(2.9)做变换,分别得式(2.16)和式(2.17)。

$$\overline{i}/nFA = D_O(\partial \overline{C_O}/\partial x)_{x=0} = k_f \overline{C_O}(x=0) - k_b \overline{C_R}(x=0) \tag{2.16}$$

$$D_O(\partial \overline{C_O}/\partial x) + D_R(\partial \overline{C_R}/\partial x) = 0 \tag{2.17}$$

求解式(2.14)~(2.17)可得电极/溶液界面处,反应物 O 和产物 R 的表面浓度。

$$\overline{C_O}(x=0) = C_O^b/p^{1/2}(p^{1/2}+Q) + k_b C_O^b/D_R^{1/2} p(p^{1/2}+Q) + k_b C_R^b/D_O^{1/2} p(p^{1/2}+Q) \tag{2.18}$$

$$\overline{C_R}(x=0) = C_R^b/p + \theta C_O^b/p - \theta \cdot \left[\begin{array}{l} C_O^b/p^{1/2}(p^{1/2}+Q) + k_b C_O^b/D_R^{1/2} p(p^{1/2}+Q) \\ + k_b C_R^b/D_O^{1/2} p(p^{1/2}+Q) \end{array} \right] \tag{2.19}$$

这里

$$\theta = (D_O/D_R)^{1/2} \tag{2.20}$$

$$Q = k_f/D_O^{1/2} + k_b/D_R^{1/2} \tag{2.21}$$

$$\bar{i} = nFA(k_f C_O^b - k_b C_R^b)/p^{1/2}(p^{1/2}+Q) \tag{2.22}$$

查附表2,对式(2.18)和式(2.19)进行 Laplace 逆变换得式(2.23)和式(2.24),此时,电流随时间响应的函数表达如式(2.26)所示。

$$C_O(x=0) = C_O^b \chi + (k_b/Q)(C_O^b/D_R^{1/2} + C_R^b/D_O^{1/2})(1-\chi) \tag{2.23}$$

$$C_R(x=0) = C_R^b + \theta(1-\chi)[C_O^b - (k_b C_O^b/D_R^{1/2} Q) - (k_b C_R^b/D_O^{1/2} Q)] \tag{2.24}$$

$$\chi = \exp(Q^2 t) erfc(Qt^{1/2}) \tag{2.25}$$

$$i = nFA(k_f C_O^b - k_b C_R^b)\exp(Q^2 t) erfc(Qt^{1/2}) \tag{2.26}$$

(2) 不可逆反应

对于不可逆电化学过程,如式(2.27)所示。同样假定电位由开路阶跃至电位 E。

$$O + ne \xrightarrow{k_f \to \infty} R \tag{2.27}$$

此时,反应物浓度的 Fick 定律表达如式(2.28)所示。

$$\frac{\partial C_O}{\partial t} = D_O \left(\frac{\partial^2 C_O}{\partial x^2} \right) \tag{2.28}$$

其初值和边值条件如下

$$t = 0, x \geq 0, \quad C_O = C_O^b \tag{2.29}$$

$$t > 0, x \to \infty, \quad C_O \to C_O^b \tag{2.30}$$

$$t > 0, x = 0, \quad C_O(x=0) = 0 \quad i/nFA = D_O(\partial C_O/\partial x) \tag{2.31}$$

经 Laplace 变换的求解,得到:

$$\overline{C_O} = C_O^b/p - (C_O^b/p)\exp(-\alpha_o x) \tag{2.32}$$

$$\bar{i} = nFAD_O^{1/2} C_O^b/p^{1/2} \tag{2.33}$$

经 Laplace 逆变换,得到:

$$i = nFAD_O^{1/2} C_O^b/(\pi t)^{1/2} \tag{2.34}$$

此时,界面层反应物浓度随时间变化如式(2.35)所示。

$$C_O(x,t) = C_O^b - C_O^b erfc(x/2(D_O t)^{1/2}) \tag{2.35}$$

阶跃电位实验一般很难获得光滑的时间-电流曲线,后期电流响应的信噪比较低。此时,将阶跃电位产生的电流输出改换成经积分输出的电量,记录获取的时间-库伦曲线可以克服这些不足。时间-库仑法是研究电极表面吸附的重要实验手段。不同于时间电流曲线,阶跃电位时间库仑曲线是增函数曲线,能够提高响应后期的信噪比。

2.3.2 线性电位扫描伏安法

线性电位扫描伏安法常作为电化学研究的首选实验方法,它在电化学研究中占有重要地位。采用电化学工作站的恒电位控制模式,使电极电位以恒定的变化速率扫描至某一电极电位就终止实验,该方法称为单程电位扫描伏安法;若再以相同的扫描速度逆回扫描至初始电位,此时实验称为循环伏安法(Cyclic Voltammetry, CV)。

在线性电位扫描伏安法实验中,最基本的变量是电位扫描范围和电位扫描速度。其中,电位扫描范围由研究对象和要求确定(如在水溶液体系中,可选择在析氢和析氧电位范围内)。扫描速率一般在数 mV·s^{-1} 和数十 V·s^{-1} 之间,若扫描速度过快,非法拉第双层电容充电电流和溶液欧姆电位降会严重影响实验结果,但若扫描速度太慢,实验检测灵敏度会大幅降低。

在扫描电位范围内,若在某一电位出现电流峰,就表明在该电位发了电极反应,但有时与法拉第吸、脱附过程有关。在 CV 测试中,若在正向扫描时电极反应的产物足够稳定,且能在电极表面发生逆反应,那么在逆回扫描电位范围内将出现与正向电流峰相对应的逆向电流峰。若 CV 曲线无相应的逆向电流峰,就说明正向电极反应完全不可逆,或产物是完全不稳定的。根据 CV 曲线每一峰值电流相对应的峰电位值,从标准电极电位表、pH 电位图和已掌握的知识,可以推测出可能会发生哪些电极反应。

(1)循环伏安的图谱解析

图 2-3 是典型循环伏安曲线,从中可读取的实验数据主要有:i_{pc} 和 i_{pa}(阴极和阳极峰值电流),以及 E_{pc} 和 E_{pa}(阴极和阳极支曲线上的峰值电位)。此外,CV 曲线的 i_{pa} 的获取不能像 i_{pc} 那样,后者用零电流做基线计算峰值电流值,而前者其应用的是阴极电流的延伸线,即图 2-3 虚线做基线计算。

在 CV 谱图中,若在扫描电位范围内出现多峰,如图 2-4 所示。此时,第一个峰值电流可用零电流做基线计算;计算后峰电流值时,要注意前峰的影响,应该用前峰电流的延伸线(图 2-4 虚线)做基线计算后峰电流值。

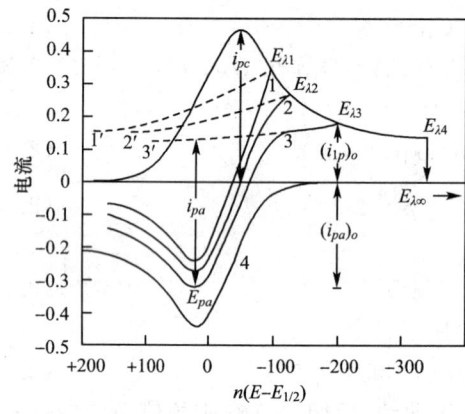

图 2-3 不同阴极还原电位极值的 CV 曲线 　　图 2-4 连续多峰 CV 曲线峰电流与峰电位的实验曲线

(2)可逆电极体系的循环伏安曲线

对于可逆电极体系 $O+ne^- \rightleftharpoons R$,反应初始仅有含氧化态物种 O,并使用半无限扩散条件;初始电极电势保持在不发生电极反应的电势 E_i,电势以速度 v(V/s)进行线性扫描,任意时刻 t 时的电势为:

$$E(t)=E_i-vt \tag{2.36}$$

假设电极表面的电子转移速度非常快,任意时刻反应物 O 和产物 R 的浓度关系均遵循 Nernst 方程,由此,可得反应物和产物的浓度瞬时表达如式(2.37)所示。

$$\frac{C_O(0,t)}{C_R(0,t)}=f(t)=\exp\left[\frac{nF}{RT}(E_i-vt-E_0^{'})\right] \tag{2.37}$$

经 Laplace 变换求解，可得峰电流的表达式为

$$i_\mathrm{p} = 0.4463 nFC_\mathrm{O}^* \left(\frac{nF}{RT}\right)^{1/2} D_\mathrm{O}^{1/2} v^{1/2} \tag{2.38}$$

在 25 ℃，峰值电流可表达为

$$i_\mathrm{p} = (2.69 \times 10^5) n^{3/2} A C_\mathrm{O}^* D_\mathrm{O}^{1/2} v^{1/2} \tag{2.39}$$

考虑 CV 峰电势可能不易确定，有时会使用半峰电势 $E_\mathrm{p/2}$。$E_\mathrm{p/2}$ 的函数表达式为

$$E_\mathrm{p/2} = E_{1/2} + 1.09 \frac{RT}{nF} = E_{1/2} + 28.0/n \quad (\mathrm{mV}) \text{ at } 25\ ℃ \tag{2.40}$$

为此，可逆体系的峰电位 E_p 的表达式为式(2.41)。

$$|E_\mathrm{p} - E_\mathrm{p/2}| = 2.2 \frac{RT}{nF} = 56.5/n \quad (\mathrm{mV}) \text{ at } 25\ ℃ \tag{2.41}$$

式中：$E_{1/2}$ 为稳态极化曲线的半波电势。

在(周期性)电位三角波施加在上述可逆电极体系时，正向峰值电流其随 v 增加而增加；正向峰值电位不随 v 的变化而变化。然而，对于逆向电位扫描，其曲线会受逆回电位 E_λ 取值的影响，如图 2-3 所示。为了避免逆回 E_λ 值的影响，一般取 E_λ 为越过峰值电位后的 120 mV 电位值，对于已知的可逆电极反应可取小些，如 70 mV。

由式(2.39)～(2.41)可知，对于上述完全由液相传质速率控制的可逆电极体系，25℃时电极反应 i_pc 和 i_pa，以及 E_pc 和 E_pa 的关系是

$$\frac{i_\mathrm{pc}}{i_\mathrm{pa}} = 1 \tag{2.42}$$

$$\Delta E_\mathrm{p} = E_\mathrm{pa} - E_\mathrm{pc} = 56.5/n \quad \mathrm{mV} \tag{2.43}$$

然而，循环伏安峰电流与 $\sqrt{v}$ 并非呈现严格的比例关系，低速接近可逆情况，高速接近不可逆情况。

2.3.3 电化学阻抗谱(EIS)

(1) EIS 原理与谱学表达

电化学阻抗谱(Electrochemical Impedance Spectroscopy, EIS)是一种以小振幅的正弦波电位(或电流)为扰动信号的电化学测量方法。EIS 是基于线性目标假设的线性频响分析方法，由于可以清晰反映电极过程动力学的频率响应行为，其在电化学机理研究以及电化学系统诊断中应用广泛。

对于一个稳定的线性系统 M，如以一个角频率为 ω 的正弦波电信号(电压或电流)X 为激励信号输入该系统，则相应地从该系统输出一个角频率也是 ω 的正弦波电信号(电流或电压)Y。Y 与 X 之间的关系为

$$Y = G(\omega) X \tag{2.44}$$

如果扰动信号 X 为正弦波电流信号，而 Y 为正弦波电压信号，则称 G 为系统 M 的阻抗(Impedance)。如果扰动信号 X 为正弦波电压信号，而 Y 为正弦波电流信号，则称 G 为系统 M 的导纳(Admittance)。

式(2.44)中，G 是一个随频率变化的矢量，一般用其角频率 ω 的复变函数表示。故

G 的一般表示式可以写为：

$$G = G'(\omega) + jG''(\omega) \tag{2.45}$$

其谱学表达可通过 Bode 图和 Nquist 图来表示（图 2-5）。

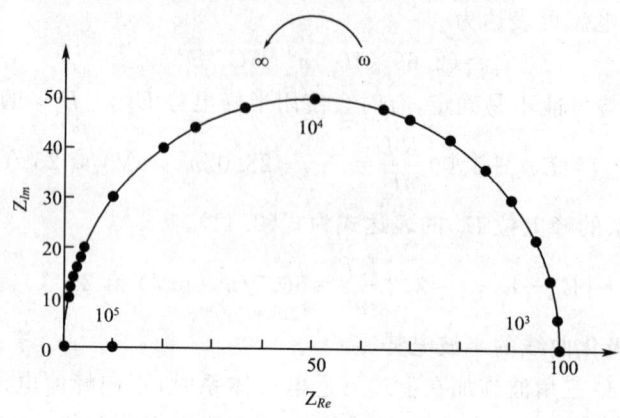

（a）Nquist 图

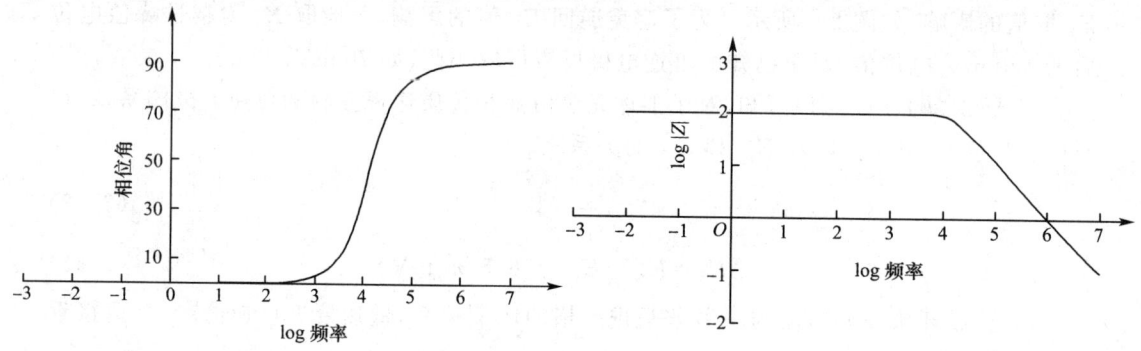

（b）Bode 图

图 2-5 EIS 的谱学表达

(2) EIS 应用的基本条件

①因果性条件

因果性条件要求电化学系统输出信号仅是对所给的电信号激励的响应。这个条件要求在 EIS 测量时，必须排除其他噪声信号的干扰，确保电信号激励与其输出响应之间是唯一的因果关系。

②线性条件

线性条件并非是指电流-电压曲线呈近似的直线关系，它是要求电化学系统在角频率 ω 的电信号激励下，其响应输出信号的角频率同样也是 ω。此时，输出信号与激励信号间仅有幅值和相位角的差异。如果在扰动信号与响应信号之间虽然满足因果性条件但不满足线性条件，响应信号中就不仅具有频率为 ω 的正弦波交流信号，还包含其高次谐波信号。

③稳定性条件

稳定性条件要求电信号激励对系统的扰动不会引起电化学反应界面结构发生变化，因而当对于系统的扰动停止后，要求电化学系统能够回复到它原先的状态。一般而言，对于可逆电极过程，稳定性条件比较容易满足。但对不可逆电极过程，要近似地满足稳定性条件往往是很困难的,此时,要设法降低 EIS 的测试时间,降低电极系统的扰动幅值,从而使其有可能近似地满足稳定性条件。

(3)EIS 的实验解析——应用等效电路模型

在满足 2.3.3 节所述三个基本条件的情况下,可以测出电极系统的电化学阻抗谱。此时若能用一些"电学元件"来构成一个电路,使得该电路的阻抗谱与电极系统的电化学阻抗谱相同,就称这一电路为该电极系统或电极过程的等效电路,称用来构成等效电路的"电学元件"为等效元件。归纳起来,常用的等效"电学元件"有五种。

① 等效电路元件 —— 等效电阻 R

电化学中的等效电阻与电学元件的"纯电阻"相同,但可正可负,一般为正值,用 R 表示,量纲为 $\Omega \cdot cm^2$。等效电阻的阻抗表达为:

$$Z_R = R \tag{2.46}$$

故等效电阻的阻抗只有实部,没有虚部,且数值与频率无关。在复平面 Nquist 图上,它只能用实轴(横坐标轴)上一个点来表示;在以 $\log|G|$ 对 $\log f$ 做的 Bode 图上,它用一条与横坐标平行的直线表示。由于虚部为零,故当 R 为正值时,它的相位角为零。

金属从活化状态转入钝化状态时,阳极曲线上有一个区间,在这个区间内阳极电流不是随电位升高而增大,而是随着电位的升高而降低。在这一区间测得的电化学阻抗谱的等效电路中,就包含有负值的等效电阻。此时,负值电阻的相位角为 π。

② 等效电路元件 —— 等效电感 L

电化学中的等效电感与电学中的"纯电感"相同,用 L 表示。其值为正,量纲为 $Henry(H) \cdot cm^2$。等效元件 L 阻抗表达为:

$$Z_L = j\omega L \tag{2.47}$$

在复平面 Nquist 图上,它由第 4 象限中与纵轴($-Z''$轴)重合的一条直线表示。在以 $\log|G|$ 对 $\log f$ 作的 Bode 图上,得到的是一条斜率为 1 的直线;等效电感的相位角 $\phi = -\pi/2$,与频率无关。

③ 等效电路元件 —— 等效电容 C

电化学中的等效电容与电学中的"纯电容"相同,用 C 表示。其值为正,量纲为 $Farad(F) \cdot cm^{-2}$。等效元件 C 的阻抗表达为:

$$Z_C = \frac{1}{j\omega C} \tag{2.48}$$

在复平面 Nquist 图上,它由第 1 象限中与纵轴($-Z''$轴)重合的一条直线表示。在以 $\log|G|$ 对 $\log f$ 作的 Bode 图上,得到的是一条斜率为 -1 的直线;等效电容的相位角 $\phi = \pi/2$,与频率无关。

④ 等效电路元件 ——常相位角元件(CPE) Q

一般来说,电极/溶液界面能等效于双电层电容 C。但在多数实验中发现,界面电容的频响特性与"纯电容"并不一致,都有或大或小的偏离,这种现象称为"弥散效应"。在 EIS 等效电路模型中,考虑"弥散效应"的非理想电容,用 Q 表示,其阻抗为:

$$Z_Q = \frac{1}{Y_0} \cdot (j\omega)^{-n} \tag{2.49}$$

可见，等效元件 Q 有两个参数：一个参数是 Y_0，其量纲是 $\Omega^{-1} \cdot cm^{-2} \cdot sec^{-n}$，由于 Q 是用来描述电容 C 产生"弥散效应"时的物理量，Y_0 与 C 一样总取正值；另一个参数是 n，无量纲的指数。在式（2.49）中应用了 Euler 公式：

$$j^{\pm n} = \exp\left(\pm j\frac{n\pi}{2}\right) = \cos\left(\frac{n\pi}{2}\right) \pm j\sin\left(\frac{n\pi}{2}\right) \tag{2.50}$$

由 $-Z_0''/Z_0'$ 得到这一元件相位角的正切为：

$$\tan \phi = \tan\left(\frac{n\pi}{2}\right) \quad \phi = \frac{n\pi}{2} \tag{2.51}$$

可以看出，相位角与频率无关。故，这一等效电路元件被称为常相位角原件（Constant Phase Angle Element，CPE）。

因此，在 Bode 图上，以 $\log |Z_Q|$ 对 $\log f$ 作图时，得到的是斜率为 $-n$ 的直线。应该注意，我们将参数 n 的取值范围定为 $0 < n < 1$。可见，当 $n = 0$ 时，Q 变为 R；当 $n = 1$ 时，Q 变为 C；当 $n = -1$ 时，Q 变为 L。

⑤界面电子转移与 Randle 电路

当一个电极系统受到电位扰动，流经电极系统的电流密度也就相应地变化。此时，电极系统中的电流密度变化来源于两部分：一部分来自电极反应，另一部分来自电位改变时双电层的"充电"电流。前一部分的电流直接用于电极反应，且服从法拉第定律，称为法拉第电流 i_f；由于后一部分电流不是直接由电极反应引起的，故叫作非法拉第电流 i_c。可见，整个电极系统的阻抗，可以用图 2-6 所示的 Randle 电路近似地表示。

图中 C_d 表示电极与电解质溶液两相之间的双电层电容，R_s 表示从参比电极的鲁金毛细管口到被研究的电极之间的溶液电阻，Z_f 为电极过程的法拉第阻抗。用一个电阻参数 R_{ct} 代表电极过程中电荷转移所遇到的阻力——法拉第阻抗（电荷转移在很多情况下是电极过程的速度决定步骤）。此时，依电极/溶液的界面结构可得电化学系统的阻抗表示为式（2.52），其 Nquist 阻抗表达如图 2-7 所示。

$$Z = R_s + \cfrac{1}{j\omega C_d + \cfrac{1}{R_{ct}}} \tag{2.52}$$

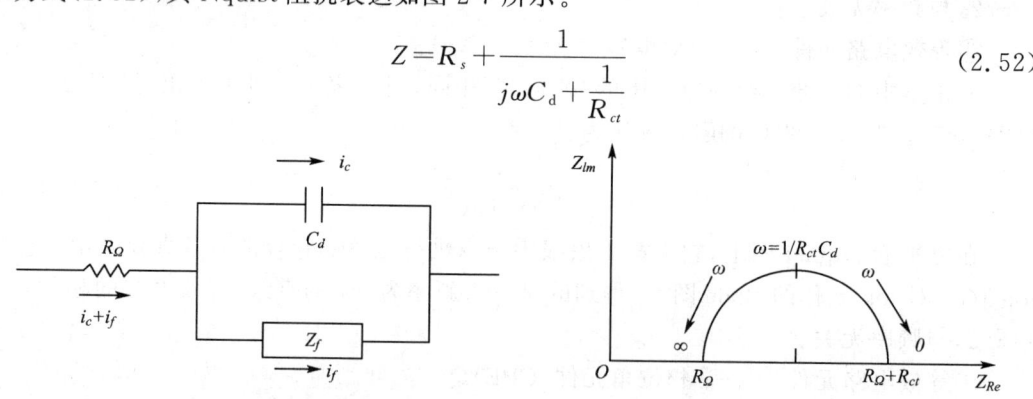

图 2-6　Randle 等效电路　　　　图 2-7　Randle 电路的 Nquist 阻抗

迄今为止，等效电路方法仍然是电化学阻抗谱的主要分析方法。因为由等效电路来联系电化学阻抗谱与电极过程动力学模型的方法比较具体直观，尤其是在一些简单的电化学阻抗谱的分析中。此时，一方面可以通过元件之间的串并联来模拟不同的电极过程，得到不同的 EIS 曲线；另一方面可以通过各元件阻抗模值，了解电极过程的变化情况。

然而,等效电路解析方法也有着一些不可避免的缺陷。首先,等效电路与电极反应的动力学模型之间一般来说并不存在一一对应的关系,如对于同一个反应机理,在不同的电极电位下可以呈现相当于完全不同的等效电路的阻抗谱图。其次,在一些情况下等效电路与阻抗谱图类型之间也不存在一一对应的关系,同一个阻抗谱可以由不同的等效电路来描述。

(4) EIS 的实验解析——应用电化学反应机理模型

应用电化学机理模型开展 EIS 谱数值模拟,其模拟结果与电化学反应机理一一对应。这种 EIS 的解析方式,需要首先构建电极过程的暂态模型方程,然后给暂态模型方程输入周期性正弦电流/电压信号[式(2.53)],获取电压/电流频响结果[式(2.54)]。这里,k 是傅立叶级数,θ_k 为 k 次谐波响应的相位角,$E_{total,k}$ 为 k 次谐波响应的模值,由式(2.55)计算得到。

取 $k=1$ 时的电压响应(线性频响结果),对比电压波与电流波可获取 EIS,如式(2.56)所示。

$$j(t) = j_{dc} + j_{ac}\sin(\omega t) \tag{2.53}$$

$$E = E_{dc} + \sum_{k=1}^{\infty} E_{total,k}\sqrt{\frac{\omega}{\pi}}\sin(k\omega t + \theta_k) \tag{2.54}$$

$$E_{total,k} = \sqrt{E_{c,k}^2 + E_{s,k}^2} \tag{2.55}$$

$$|Z| = \frac{\sqrt{\left(E_{c,k=1}\sqrt{\frac{\omega}{\pi}}\right)^2 + \left(E_{s,k=1}\sqrt{\frac{\omega}{\pi}} + j_{ac} \cdot R\right)^2}}{j_{ac}} \tag{2.56}$$

其中,E_{dc} 是电压响应对时间的平均值。$E_{c,k}$ 与 $E_{s,k}$ 是傅立叶级数展开的余弦项与正弦项,分别由式(2.57)和(2.58)积分的形式计算得到。

$$E_{c,k} = \int_o^T E(t)\phi_k(t)\mathrm{d}t \tag{2.57}$$

$$E_{s,k} = \int_o^T E(t)\psi_k(t)\mathrm{d}t \tag{2.58}$$

这里,$\phi_k(t)$ 与 $\psi_k(t)$ 是归一化的基函数,其表达式为

$$\phi_k(t) = \sqrt{\frac{\omega}{\pi}}\cos(k\omega t) \tag{2.59}$$

$$\psi_k(t) = \sqrt{\frac{\omega}{\pi}}\sin(k\omega t) \tag{2.60}$$

2.3.4 总谐波失真(THD)谱

(1) THD 的定义与计算方法

由 2.3.3 部分可知,EIS 是基于线性目标假设的线性频响分析方法,而绝大多数的电化学系统属于非线性系统。因此,EIS 在电化学系统的诊断与分析中存在许多明显局限。简单来说,EIS 对于电化学系统的表达就如同用泰勒展开的一阶近似去反映全函数,高阶项缺失使函数的表达并不完整。电化学系统的全面诊断与分析仍需非线性谱学分析

方法。

一般而言,多数电化学系统均为典型的非线性系统,若采用相对较大的交流振幅,对输出信号进行时频转换后可观测到其非线性频响结果。图2-8以直接甲醇燃料电池(DMFC)为例,给出了在电流激励下DMFC电压时频响应行为。可以看出,当非线性系统受到如式(2.53)所示角频率为 ω 的周期性激励信号后,输出结果同样是一个偏离基频的周期性信号,其傅立叶级数展开如式(2.54)所示。此时,当 $k \geqslant 2$ 时,结果为高次谐波信号,其结果能够反映电极过程的非线性特征。

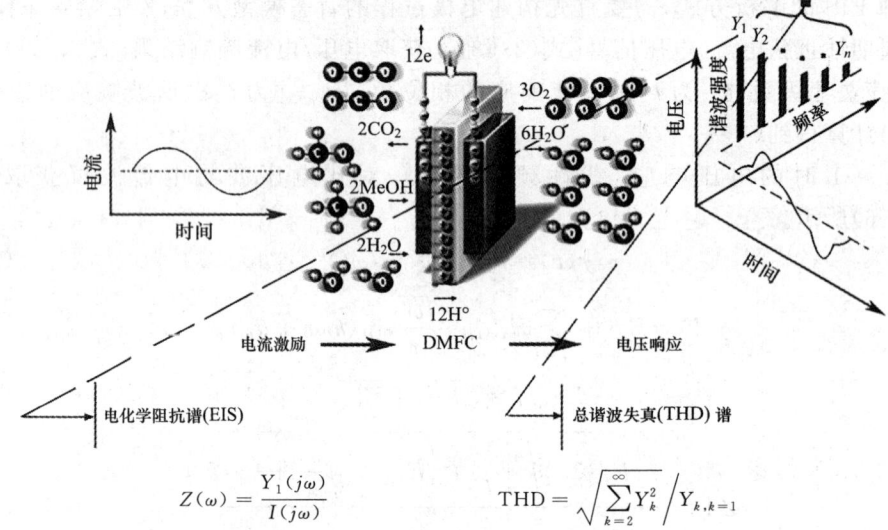

$$Z(\omega) = \frac{Y_1(j\omega)}{I(j\omega)} \qquad THD = \sqrt{\sum_{k=2}^{\infty} Y_k^2} \Big/ Y_{k,k=1}$$

图2-8 正弦电流激励下直接甲醇燃料电池(DMFC)电压的时频响应特性

THD源于电声学,其常用度量HiFi装置波形的失真,同样也可用于度量电化学系统非线性程度。作为电化学系统非线性行为的谱学表达手段,THD定义为所有高次谐波响应强度 $Y(k \geqslant 2)$ 的二范数与基频响应强度 $Y(k=1)$ 的比值。

$$THD = \frac{\sqrt{\sum_{k=2}^{\infty} Y_k^2}}{Y_1} = \frac{\sqrt{\sum_{k=2}^{\infty} |\tilde{Y}|_k^2}}{|\tilde{Y}|_1} \qquad (2.61)$$

考虑到电解质电阻,实验获得THD的理论表达为:

$$THD = \frac{\sqrt{\sum E_{total,k}^2}}{\sqrt{\left(E_{c,k=1}\sqrt{\frac{\omega}{\pi}}\right)^2 + \left(E_{s,k=1}\sqrt{\frac{\omega}{\pi}} + j_{ac} \cdot R\right)^2}} \qquad (2.62)$$

其中,j_{ac} 为交流振幅的模值,ω 为角频率,E_{total}、$E_{c,k}$ 与 $E_{s,k}$ 分别是电压响应傅立叶级数展开的模值、余弦项与正弦项,R 为电极界面的接触电阻。

(2) THD谱测试实验参数设置

THD测试与EIS测试同步进行,在应用Zahner电化学工作站(Zennium+PP241)进行THD测试时,软件需要进行如下设置。如图2-9所示,在AC-mode参数设置中选择more,之后在AC control parameters中,设置Z-outputplag值为1,设置logfile entry值为 7。THD 结果会自动在 EIS 测试中记录下来,无须单独进行测试。为此,THD 测试频率区间、数据记录点的选取和取样周期与 EIS 相同。

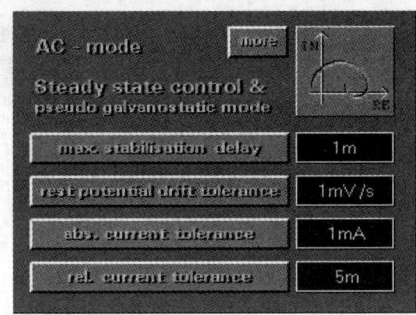
(a) AC mode

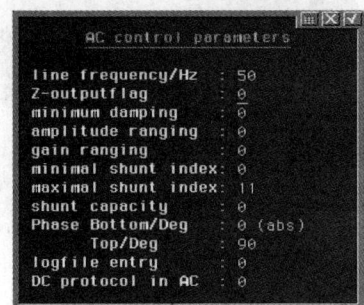
(b) AC control parameters

图 2-9　THD 测量中的参数设置

3 电化学基础实验

3.1 应用循环伏安法研究电极过程的可逆性

一、实验目的

(1) 掌握应用电化学循环伏安(CV)判断电极过程可逆性的方法。
(2) 掌握 CV 曲线峰电流和峰电位的实验测量与计算方法。
(3) 了解电极界面传质对电极过程可逆性的影响规律。

二、实验原理

CV 是对电化学系统施加电位三角波[图 3-1(a)],同步测量电极的电流暂态响应的实验技术。CV 测试中若出现电流峰,表明在其对应电位下有电极反应。若电极过程可逆且施加正向扫描电位时的产物足够稳定,那么在逆向电位回扫中应出现与其对应的逆向扫描电流峰;若没有,就说明正向扫描所驱动的电极过程或不可逆,或产物不稳定。

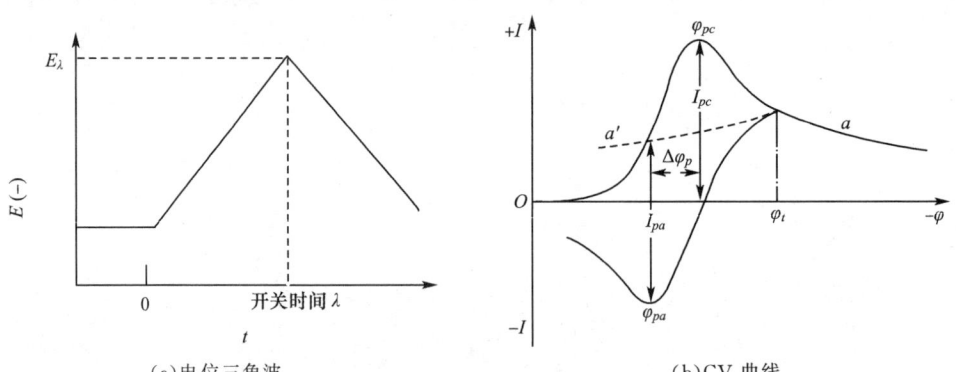

(a) 电位三角波 (b) CV 曲线
图 3-1 CV 的实验测量原理

峰电流 i_{pc} 与 i_{pa} 和峰电位 E_{pc} 与 E_{pa} 是 CV 最主要的特征参数。其中,峰电位可从曲线中直接读取,峰电流的实验确定方法如图 3-1(b)所示。可见,正向峰值电流值可以零电流作基线计算,而逆向峰电流值要用正向电流延伸线作基线计算。

对于可逆体系,循环伏安图的上下两条曲线是对称的,氧化过程峰电流和还原过程峰电流的比值为 1,如式(3.1)所示。

$$\frac{|i_{pa}|}{|i_{pc}|}=1 \tag{3.1}$$

而氧化过程峰电位与还原过程峰电位之差,如式(3.2)所示。详细理论推导,见 2.3.2 节。

$$\Delta E_p = E_{pa} - E_{pc} \approx \frac{0.0565}{n}(V) \tag{3.2}$$

由上述两式可判断电极过程的可逆性。

$Fe(CN)_6^{3-}$ 与 $Fe(CN)_6^{4-}$ 是典型的电化学氧化还原可逆体系。若以 Pt 盘电极为工作电极,应用旋转圆盘电极装置施加阴极电位,Pt 盘电极表面会发生还原反应,见式(3.3);相反施加阳极电位,则发生氧化反应,见式(3.4)。由于电极过程仅有 1 个电子转移,且还原与氧化过程中电荷转移的速率很快,因此得到的 CV 图的还原过程波与氧化过程波基本上是对称的。

$$Fe(CN)_6^{3-} + e^- \longrightarrow Fe(CN)_6^{4-} \tag{3.3}$$

$$Fe(CN)_6^{4-} - e^- \longrightarrow Fe(CN)_6^{3-} \tag{3.4}$$

改变旋转圆盘电极转速,可实验考察电极的界面传质对电极过程可逆性的影响。此时,CV 峰电流 i_p 与扫描速率 v 的关系见式(3.5)。n 为电子转移数,D_O 和 C_O 分别为反应物的扩散系数与体相浓度。

$$i_p = (2.69 \times 10^5) n^{3/2} A D_O^{1/2} v^{1/2} C_O^* \tag{3.5}$$

三、实验仪器与试剂

CHI660E 电化学工作站;三电极体系玻璃电解池;旋转圆盘电极装置;恒温循环水装置。

Pt 盘工作电极;Pt 片对电极;饱和甘汞(SCE)参比电极;KNO_3(分析纯)和 $K_3Fe(CN)_6$(分析纯)试剂。

四、实验步骤

(1)分别配制 200 mL 0.4 mol·L^{-1} 的 KNO_3 水溶液和 0.05 mol·L^{-1} $K_3Fe(CN)_6$ 水溶液。以 KNO_3 水溶液为电解质稀释 $K_3Fe(CN)_6$ 水溶液,制备含 $K_3Fe(CN)_6$ 0.005 mol·L^{-1} 的电解液备用。

(2)将 Pt 盘电极、Pt 片电极与 SCE 参比电极置于三电极体系玻璃电解池中,加入上述电解质溶液。分别将 Pt 盘电极、Pt 片电极与 SCE 与电化学工作站的工作电极、对电极及参比电极相连。同时,确保 Pt 盘电极表面无气泡。

(3)保持调节旋转圆盘电极转速为 0,在电化学工作站软件系统选择 CV 技术,在 $-0.2\sim0.5$ V(vs. SCE)的电位区间,开展不同扫描速率的 CV 测试,表 3-1 中记录的是峰电位和峰电流的数值。

(4)调节旋转圆盘电极转速至 1 600 转/min,同样在 $-0.2\sim0.5$ V(vs. SCE)的电位区间,开展不同扫描速率的 CV 测试,记录峰电位和峰电流的数值。根据 i_{pc},i_{pa} 和 ΔE_p 的数值,判断 $Fe(CN)_6^{3-}$ 与 $Fe(CN)_6^{4-}$ 电化学氧化还原体系的可逆程度;用 i_{pa} 和 i_{pc} 分别

对 $v^{1/2}$ 作图,考察 i_{pa} 与 i_{pc} 与 $v^{1/2}$ 间是否呈线性关系。

表 3-1　　$Fe(CN)_6^{3-}$ 与 $Fe(CN)_6^{4-}$ 氧化还原体电极过程可逆性实验结果

$v/(mV \cdot s^{-1})$	E_{pa}/V	i_{pa}/A	E_{pc}/V	i_{pc}/A	$\Delta E_p/V$	$v^{1/2}$	$i_{pc}/v^{1/2}$	$i_{pa}/v^{1/2}$
50								
100								
200								
300								
400								
500								
600								

五、思考题

(1) CV 测试过程中,扫描速率是否影响 $Fe(CN)_6^{3-}$ 与 $Fe(CN)_6^{4-}$ 电化学氧化还原过程的 E_p 及 ΔE_p。

(2) 旋转圆盘电极转速是否影响 $Fe(CN)_6^{3-}$ 与 $Fc(CN)_6^{4-}$ 电化学氧化还原过程的 E_p 及 ΔE_p。

(3) 讨论电位扫描的范围对 CV 测定结果有何影响。

3.2 电偶腐蚀中电位序的测定

一、实验目的

(1) 掌握电偶腐蚀原理和电偶电流的实验获取方法;
(2) 掌握使用零阻电流表与恒电位仪测定金属电偶电流的方法;
(3) 测定 3 wt.% 氯化钠溶液中铝与其他金属材料间的电偶电流,并排出电位序。

二、实验原理

电偶腐蚀是宏观电化学腐蚀的一种。两种不同金属在腐蚀介质中接触,由于电极电位的不均匀性会形成偶合电极(即形成电偶对)。其中,电位较负的金属溶解速度增加,所造成接触处的局部腐蚀称为电偶腐蚀。图 3-2 给出了 A 和 B 两种金属在形成偶合前后电势的变化。偶合前,A 的腐蚀电位比 B 更正($E_{corr,A} > E_{corr,B}$),腐蚀电流 $i_{corr,A} < i_{corr,B}$;而在偶合后,金属 B 的腐蚀电位提升至 $E_{C,AB}$,腐蚀电流增加到 $i'_{C,B}$。此时,金属 A 的腐蚀电位降至 $E_{C,AB}$,腐蚀电流增加到 $i'_{C,A}$。

在电化学极化控制区,金属腐蚀速率表达式(3.6)可由 Butler-Volmer 简化得到。

$$i = i_{corr} \left[\exp\left(\frac{\Delta E}{0.434 b_a}\right) - \exp\left(\frac{-\Delta E}{0.434 b_c}\right) \right] \tag{3.6}$$

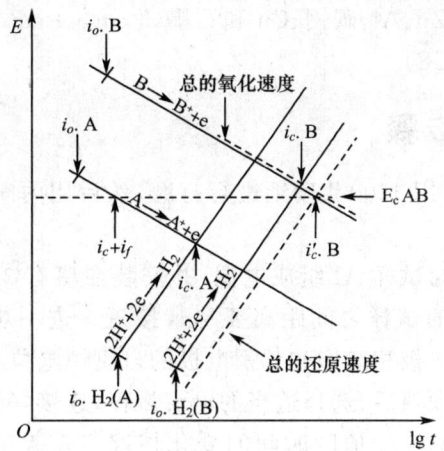

图 3-2 金属 A 和 B 形成电偶对时混合电位

若其与另一个电位较正的金属形成电偶,电位 E_{corr} 将正向移到电偶电位 E_g,腐蚀电流将由 i_{corr} 增加到 i_a,如式(3.7)所示。

$$i_a = i_{corr}\left[\exp\left(\frac{E_g - E_{corr}}{0.434 \times b_a}\right)\right] \quad (3.7)$$

电偶电流实际上是电偶电位 E_g 处 i_a 和阳极电流两者的差值。

$$i_g = i_a - i_{corr}\left[\exp\left(-\frac{E_g - E_{corr}}{0.434 b_c}\right)\right] \quad (3.8)$$

由式(3.8)可以得两种极限情况:

①形成偶合电极以后,若极化很大($E_g \gg E_{corr}$),电偶电流数值等于电偶阳极的溶解电流。

$$i_g = i_a \quad (3.9)$$

②形成偶合电极以后,若极化很小($E_g \approx E_{corr}$)则

$$i_g = i_a - i_{corr} \quad (3.10)$$

在这种情况之下,电偶电流等于偶合电极阳极的溶解电流偶接前后之差。

测量电偶电流须采用零电阻安培表。零电阻安培表的原理如图 3-3 所示。调节电压 E 或电阻 R,使电偶对的阴阳极之间的电位差为零。电流表 A 中所通过的电流,即为电偶电流 i_g。

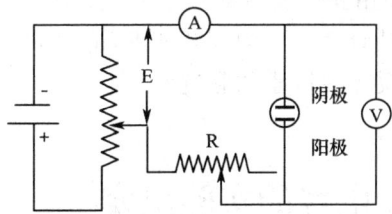

图 3-3 零阻安培表的工作原理图

三、实验仪器与试剂

实验仪器:零阻电流表;数字万用表(也可用电偶腐蚀计或恒电位仪);三电极体系电解池。

试样材料：金属试样 Zn、Al、碳钢、Cu 和石墨（5 cm×1 cm×0.2 cm）；3 wt.%氯化钠水溶液；饱和甘汞电极（SCE）。

四、实验步骤

（1）准备好待测试件，用 1500♯砂纸进行打磨，然后用丙酮或乙醇擦洗，安装在夹具上待用。

（2）分别将不同试样与试样 Al 组成电偶，并安装在盛有 3 wt.%氯化钠溶液的三电极电解池中，构成电偶对的试样之间距离要尽量接近。进一步把 SCE 安装于两试件之间，用数字万用表测定各电极相对饱和甘汞电极的自腐蚀电位和两电极间的电位差。

（3）零阻电流表通电预热后，选择适当的电流量程，连接好线路，电流表显示的数字即为电偶电流。注意观察电流 i_g 值随时间的变化情况。在起始 3 min 内，每分钟记录一次，到电流比较稳定时为止。

（4）断开连线，更换电偶对，按上述方法依次进行各电偶对的测定。

五、实验结果与数据处理

（1）按要求记录实验条件：如试样材质、尺寸、电极面积和电解质。
（2）按下表 3-2 记录实验数据。

表 3-2　　　　　　　电偶腐蚀中电位序测定实验结果

电偶对	电极电位/V（vs. SCE）			电偶间相对电位差/V	电偶电流	
	阳极 E_a	阴极 E_c	耦合电位		时间 /min	$i_g/\mu A$

（3）绘制出各组电偶电流 i_g 对时间的关系曲线。
（4）将各组的电偶电流 i_g 除以铝的表面积，排列出各种材料在 3 wt.%氯化钠中的电位序，并与手册上的数据相比较。

六、思考题

（1）电偶电流为什么不能用安培表测量？
（2）如果用电偶电流 i_g 值计算真实的溶解速度，应该如何进行校正？
（3）电偶电流 i_g 的数值受哪些因素的影响？

3.3　界面微分电容的实验测定

一、实验目的

（1）掌握应用循环伏安技术测定界面微分电容的实验方法。
（2）了解电解质 pH 对界面微分电容的影响规律。

二、实验原理

电化学反应为界面过程,即其电子转移发生在电极/溶液界面上,并非体相。这里,所谓的"电极/溶液界面"是指两相之间的界面层,这一相是与任何一相性质都不同的过渡区域,此界面结构对电极过程影响很大。界面结构与界面性质之间存在密切的内在联系,因而界面结构研究的基本方法大多是测定某些能够反映界面性质的参数(界面张力、微分电容、电极表面剩余电荷密度等)。

通常情况下,当电流通过电极/溶液界面时可能会引起以下两种作用:一是参与电极反应而被消耗;二是参与建立或改变双电层。因此,一个电极体系可以等效为图 3-4(a)所示的等效电路。

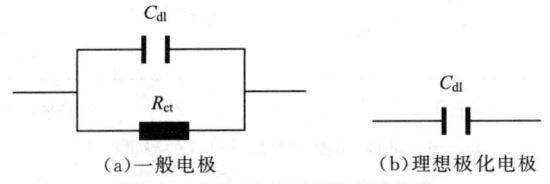

(a) 一般电极   (b) 理想极化电极

图 3-4　电极/溶液界面的等效电路

在电极/溶液界面结构与性质的研究中,一般不希望界面上有电化学反应发生。这样,外电源输入的全部电流都将用于建立或改变界面结构,使定量分析建立这种双电层结构所需电量成为可能。此时,电极体系为理想极化电极,可等效为如图 3-4(b)所示的电路。然而,绝对的理想极化电极是不存在的。只有在一定的电极范围内,某些真实的电极体系可以满足理想极化电极条件。例如:Pt 电极在 0.55 V(vs. RHE)附近双电层区的充放电行为如图 3-5 所示。

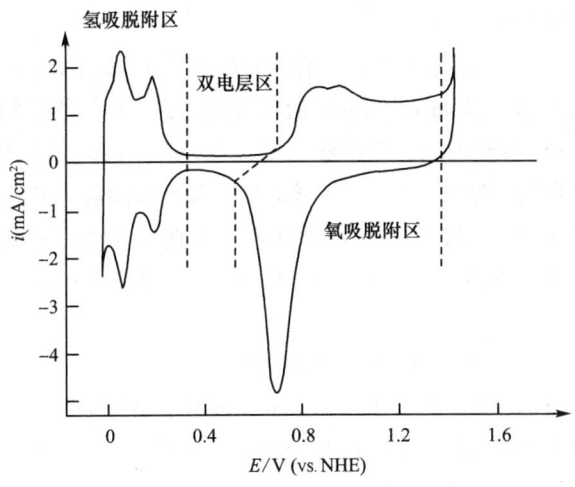

图 3-5　酸性介质 Pt 盘电极的 CV 曲线

微分电容能够反映电极/溶液界面的结构信息,不同电位下的微分电容可由式(3.11)表示。其中,dE/dt 为扫描速率。

$$C_{dl} = \frac{dq}{d\Delta\phi} = \frac{dq/dt}{d\Delta\phi/dt} = \frac{i}{dE/dt} \qquad (3.11)$$

可见,应用不同扫描速率在指定电位点附近做循环伏安,通过对其充放电电流差值与扫描速率作图,其斜率即为该电位下微分电容值的 2 倍,计算原理如图 3-6 所示。

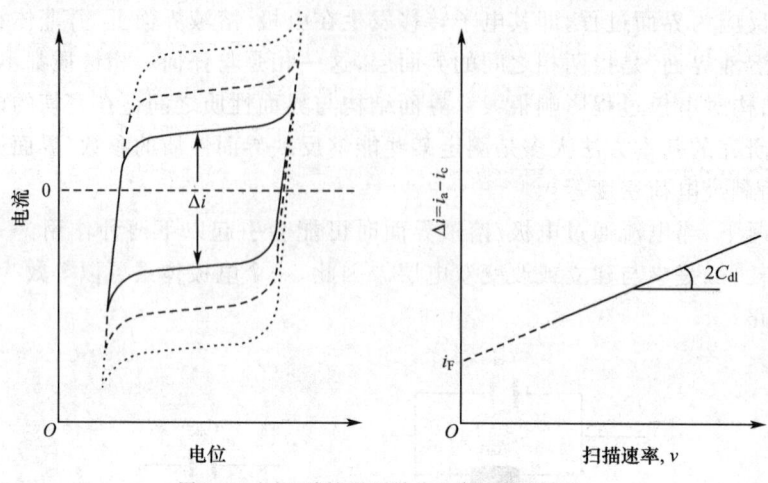

图 3-6 电极/溶液界面微分电容的测量原理

三、实验仪器与试剂

电化学工作站;旋转圆盘电极装置;带有恒温水浴套的三电极体系玻璃电解池;恒温循环水装置。

Pt 盘工作电极;Pt 片电极;饱和甘汞电极;高氯酸(分析纯);氢氧化钾(分析纯)。

四、实验步骤

(1) Pt 盘电极的预处理

Pt 盘电极在使用前,先用湿润的无尘纸轻轻拭擦电极表面,去除表面污物,并确保电极表面光滑。在麂皮上撒上少量 0.05 μm 的抛光粉(Al_2O_3),然后滴加少量去离子水,在玻碳电极的绝缘部分略微搅匀。之后竖直手握玻碳电极尾部,使玻碳电极在麂皮表面慢速打磨,移动路径为圆形或者"8"字形。接着,用去离子水冲洗电极表面,再移入超声水浴中清洗。实施具体细节如下:将磨好的玻碳电极头竖直放在盛有少量蒸馏水的小烧杯中,将小烧杯置于超声水浴中超声 10~30 s,蒸馏水和乙醇交替洗两次。最后,用乙醇冲洗一遍,室温下静置干燥备用。

(2) 酸性介质中 Pt 盘电极微分电容的实验测定

① 配制 0.01 mol·L^{-1} $HClO_4$ 水溶液,置入恒温水浴电解池。

② 向恒温水浴电解池中通入高纯氮气,鼓泡 30 min。以 Pt 盘电极为工作电极,SCE 和 Pt 片分别为参比电极和对电极,在 0.05~1.2 V(vs. RHE)电位区间,应用循环伏安(CV)方法,以 100 mV·s^{-1} 的扫描速率,至少扫描 50 圈至最终 CV 曲线重合,以保证 Pt 盘表面清洁及体系稳定。

③ 将旋转圆盘电极转速调至 1 600 转/min,分别采用 10 mV·s^{-1}、20 mV·s^{-1}、50 mV·s^{-1}、100 mV·s^{-1} 和 200 mV·s^{-1} 的扫描速率,在 0.35~0.75 V(vs. RHE)电位区间,进行 CV

测试。

④依据指定电位点 0.55 V(vs. RHE)充放电电流值与扫描速率作图,依据式(3.11)计算获取其微分电容值。

(3)碱性介质中 Pt 盘电极微分电容的实验测定

①配制 0.01 mol·L^{-1} KOH 水溶液,置入恒温水浴电解池。

②重复(2)部分的②~④步骤,计算获取 Pt 盘电极在 0.55 V(vs. RHE)电位处的微分电容值。

五、思考题

(1)Pt 盘电极在酸性和碱性介质中的微分电容值是否相同?什么原因会引起该电极体系微分电容值的变化?

(2)微分电容与电化学比表面积是否存在联系?能否用微分电容值来定性比较材料电化学比表面积的大小?

3.4 离子交换膜 VO^{2+} 渗透率测试

一、实验目的

(1)掌握全钒液流电池的工作原理。
(2)掌握离子交换膜 VO^{2+} 渗透率的实验测试与计算方法。

二、实验原理

全钒液流电池(Vanadium Redox Flow Battery,VRB)是一种以钒为活性物质、呈循环流动液态的氧化还原电池,可实现电能的高效转化与储存。VRB 的输出功率与储能容量彼此独立,适用于风能、太阳能等可再生能源发电及电网调峰过程中的电能储能。在 VRB 中,电能是以化学能的方式存储在不同价态钒离子的硫酸电解液中,通过外接循环泵把电解液输送入电堆内,使其在不同的储液罐和半电池闭合回路中循环流动;VRB 采用质子交换膜作为电解质隔膜,活性组分平行流过电极表面并发生电化学反应。

VRB 充放电时的阴、阳极反应如下所示。可见,VRB 电池充电后,阳极物质为 V(Ⅴ)离子溶液,阴极为 V(Ⅱ)离子溶液;电池放电后,阴、阳极分别为 V(Ⅳ)和 V(Ⅲ)离子溶液。

充电时阳极: $VO^{2+} + H_2O \rightarrow VO_2^+ + 2H^+ + e^-$ (3.12)

充电时阴极: $V^{3+} + e^- \rightarrow V^{2+}$ (3.13)

放电时阴极: $VO_2^+ + 2H^+ + e^- \rightarrow VO^{2+} + H_2O$ (3.14)

放电时阳极: $V^{2+} \rightarrow V^{3+} + e^-$ (3.15)

电解质膜的离子选择性是液流电池隔膜的重要特征,也是能否进行高效能量转换的关键特性参数。如果电解质膜的离子选择性不高,则大量电能就会以钒离子互混的形式消耗。VRB 隔膜的离子选择性一般是根据活性物质(钒离子)透过膜的速率进行评判,其渗透主要由浓差扩散引起。因此,常用浓差渗透实验来检测钒离子透过膜的速率,进而评价电解质膜的离子选择性。

三、实验仪器与试剂

分析天平(精度为 0.0001 g);紫外—可见分光光度计(北京普析通用,T6,单光束,配 10 mm 玻璃比色皿);多通道磁力搅拌器(配磁力搅拌子)。

Nafion® 212 膜;硫酸氧钒试剂($VOSO_4 \cdot 3H_2O$, AR);硫酸镁试剂($MgSO_4 \cdot 7H_2O$, AR);浓硫酸(98 wt.%);定制膜渗透实验装置(配密封垫、螺栓及螺母、有机玻璃盖);移液枪(艾本德,0.02~0.2 mL);容量瓶(棕色,3 L);烧杯(1 L/2 L)。

四、实验步骤

(1)实验试剂、材料与装置准备

①3 mol·L^{-1}硫酸溶液配制。已知浓硫酸的密度为 1.84 g·mL^{-1},计算得知 3L 容量瓶所需浓硫酸体积为 489 mL。在 1 L 的烧杯中先加蒸馏水 600 mL,然后由量筒量取总量 489 mL 浓硫酸,在不断用玻璃棒搅拌的情况下,缓慢加入烧杯中(放热反应),待冷却后,转移到 3 L 棕色容量瓶内,加去离子水(DI)定容至总体积为 3L,摇匀,并贴好标签(内容包括:名称、浓度、配制人、配制日期等)。

②以 3 mol·L^{-1}硫酸溶液为溶剂分别配制 1.5 mol·L^{-1} VO^{2+}溶液和 1.5 mol·L^{-1}硫酸镁溶液。

③将电解质膜裁剪成 60 mm×60 mm 大小备用。

④按照图 3-7 所示结构,装配钒离子渗透率测试装置。其中,离子膜在装配前应在 DI 水中润湿 20 s,之后按照钒离子渗透率测试半池/密封垫/离子膜/密封垫/渗透率测试半池的顺序依次进行组装,并用螺栓及螺母压紧。将清洁干燥的 2 个同样大小磁力搅拌子分别加入渗透率测试装置的两侧,将其置于多通道磁力搅拌器上,开启机器电源使磁子高速、匀速转动。

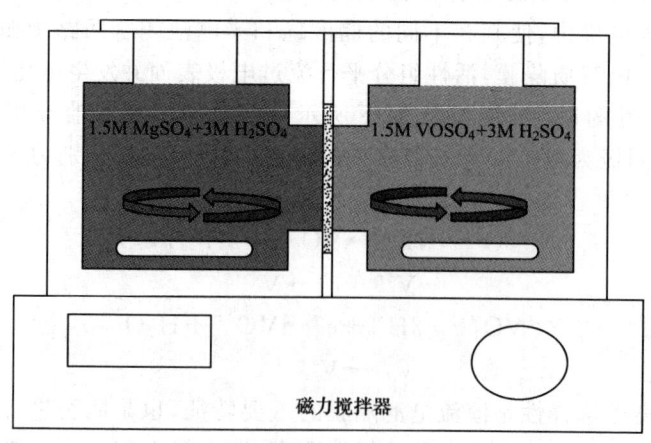

图 3-7 钒离子渗透率测试装置示意图

(2) 实验测试与数据记录

在隔膜两侧分别加入等体积的 1.5 mol·L^{-1}硫酸镁和硫酸氧钒溶液,溶液与离子膜接触有效面积为 50 mm×50 mm,测试装置单侧尺寸为 50 mm×50 mm×50 mm,加入溶液的体积应稍微大于 125 mL,溶液加入完毕后应保证磁子仍可高速、匀速运转。记录实验开始时间作为空白点。

在实验进行 30 min 后按照每 15 min 为时间间隔进行取样 6 次,测试硫酸镁溶液一侧的 VO^{2+}浓度,通过 Fick 扩散公式计算钒离子透过膜的速率。取样时采用移液枪进行溶液的移取,体积不得低于 8 mL(紫外-可见分光光度计测试,灵敏度高,适用于低浓度测试)或 1 mL(电位滴定法测试,灵敏度低,适用于常规浓度测试);为了避免取样后剩余溶液过少影响实验精度,可根据实际情况优选电位滴定法进行钒离子浓度测试;为保证实验可靠性,取样次数应不低于 4 次。

实验数据记录见表 3-3。以实验时间(h)为横坐标,VO^{2+}浓度为纵坐标作图,计算出钒离子渗透率,单位为 mmol·L^{-1}·h^{-1}·cm^{-2},将计算结果填入表格中。

表 3-3　　　　　　　　　　质子交换膜离子渗透率数据记录

质子交换膜离子渗透率数据记录表			
样品名称			
实验时间		环境温度/RH	
取样时间		VO^{2+}浓度/(mol·L^{-1})	
取样时间		VO^{2+}浓度/(mol·L^{-1})	
取样时间		VO^{2+}浓度/(mol·L^{-1})	
取样时间		VO^{2+}浓度/(mol·L^{-1})	
取样时间		VO^{2+}浓度/(mol·L^{-1})	
VO^{2+}渗透率/(mmol·L^{-1}·h^{-1}·cm^{-2})			

五、思考题

(1) 影响钒离子渗透率大小的因素有哪些?如何降低钒离子渗透率?
(2) 设计渗透率的实验装置时应注意哪些?哪些因素会造成渗透率测试的不准确?

3.5　应用 CO 溶出伏安法研究电催化剂的活性表面积

一、实验目的

(1) 掌握应用 CO 溶出伏安技术确定电化学活性表面积的实验方法。
(2) 掌握实验室有毒气体使用的安全规范。

二、实验原理

电化学活性表面积的实验对于获取催化剂的本征活性以及电极活性衰减机理的探索

具有重要意义。在燃料电池催化剂研发中，Pt/C 电极的活性表面积多以 H_{ads} 的吸脱附实验确定。然而，这种实验方法仅适用于 Pt，H_{ads} 作为探针分子很难广泛应用于其他电催化材料。CO_{ads} 是相比于 H_{ads} 应用更广泛的探针分子，虽然很多情况下无法确定 CO_{ads} 的吸附模式与吸附形态，但 CO 溶出伏安仍常用于电催化材料比表面积的定性比较。

CO 溶出伏安是预先施加电位在催化剂表面形成吸附中间体 CO_{ads}，然后用惰性气体吹扫至系统中再无游离或溶解的 CO 分子，随后开展 CV 测试并记录第一和最后一圈的数据结果。在第一圈，CO_{ads} 会全被电化学氧化为 CO_2 并形成氧化峰；在随后的 CV 测试中，由于体系中无 CO_{ads}，不会再出现 CO_{ads} 的氧化峰，故可得如图 3-8 所示 CV 曲线。计算图中阴影区域的面积，并通过式(3.16)，计算获取 CO_{ads} 的吸附电量（$Q_{CO_{ads}}$）。

$$Q_{CO_{ads}} = \int j_{CO} dt = \frac{\int j_{CO} dE}{dE/dt} \tag{3.16}$$

其中，dE/dt 为 CO 溶出伏安的扫描速率，j_{CO} 为 CO 溶出电流。已知：每平方厘米 Pt 表面 CO 的吸附电量为 $420\ \mu C \cdot cm^{-2}$，根据式(3.17)即可求出 Pt 电极的电化学比表面积（S_e）。

$$S_e = Q_{CO_{ads}} [\mu C]/420[\mu C \cdot cm^{-2}] \tag{3.17}$$

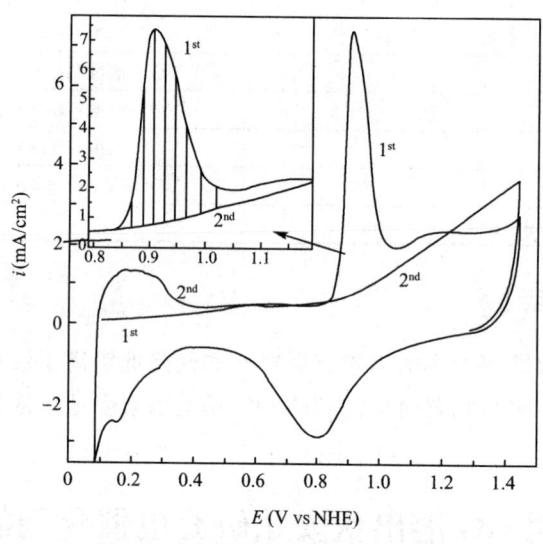

图 3-8　Pt/C 电极的 CO 溶出伏安曲线

三、实验仪器与试剂

电化学工作站；旋转圆盘电极装置；三电极体系玻璃电解池；恒温循环水；制冰机；恒温水浴电解池；25 μL 微量注射器；红外灯。

玻碳工作电极；Pt 片对电极；饱和甘汞参比电极；浓 H_2SO_4（98 wt.%，分析纯）；0.05 μm 的抛光粉（Al_2O_3）；Nafion® 树脂（5 wt.%）；Pt/C（20 wt.%）催化剂；无水乙醇。

四、实验步骤

(1) 玻碳电极的预处理

玻碳电极在使用前,先用湿润的无尘纸轻轻擦拭电极表面,去除表面污物,并确保电极表面光滑。在麂皮上撒上少量 0.05 μm 的抛光粉(Al_2O_3),然后滴加上少量去离子水,在玻碳电极的绝缘部分略微搅匀。之后竖直手握玻碳电极尾部,使玻碳电极在麂皮表面慢速打磨,移动路径为圆形或者"8"字形。接着,用去离子水冲洗电极表面,再移入超声水浴中清洗。实施具体细节如下:将磨好的玻碳电极头竖直放在盛有少量蒸馏水的小烧杯中,将小烧杯置于超声水浴中超声 10~30 s,蒸馏水和乙醇交替冲洗两次。最后,用乙醇冲洗一遍,室温下静置干燥备用。

(2) Pt/C 催化剂浆液及涂层制备

称取 5 mg Pt/C (20 wt.%) 催化剂,加入 1 mL 无水乙醇,在冰水浴中超声分散 5 min。随后,加入 50 mL 的 Nafion® 溶液 (5 wt.%),继续在冰水浴中超声分散 10 min,得 Pt/C 催化剂浆液备用。

用 25 μL 微量注射器将 20 μL 的上述浆液分次滴涂到玻璃碳电极上,在红外灯下照射(远距离),使乙醇完全挥发,时间约为 30 min。

(3) CO 溶出实验装置搭建

CO 溶出实验装置必须搭建在通风橱内,且实验室必须安装 CO 浓度报警器。CO 溶出测试全程不仅需要将通风橱打开,而且要求实验室内充分通风。

配制 0.5 mol·L^{-1} H_2SO_4 水溶液,装入恒温水浴玻璃电解池中。随后,将涂有 Pt/C 催化剂的玻璃碳电极安装到旋转圆盘电极装置上,并置于 H_2SO_4 电解液的液面下。与此同时,将饱和甘汞电极(SCE)和 Pt 片电极置于电解池中,分别作为参比电极和对电极。将三电极与电化学工作站对应电极连接线相连,电解池的水浴套与恒温循环水装置相连,并控制循环水(电解池)温度为 25 ℃。

(4) Pt/C 电极 CO 溶出实验步骤

向恒温水浴电解池中通入 50 mL·min^{-1} 的高纯氮气,控制鼓泡 30 min。以 Pt/C 担载的玻璃碳电极为工作电极,以饱和甘汞电极(SCE)和 Pt 片电极为对电极和参比电极,在 0.05~1.2 V(vs. RHE)电位区间,应用循环伏安(CV)方法,以 100 mV·s^{-1} 扫描速率,至少扫描 50 圈至最终 CV 曲线重合,以保证表面清洁及体系稳定。

打开电化学工作站,设置 CV 测试模块,设置实验参数。其中,起始电位(CO 的吸附电位)设置为 0.2 V(vs. NHE),稳定时间为 1 小时;最高电位、最低电位和终止电位分别设为 1.2 V、0.05 V 和 0.2 V。扫描速率设定为 20 mV·s^{-1},扫描循环次数为 5。

设定上述测试程序后运行 CV 程序,随即向电解池中通入 CO 和 N_2 的混合气(CO 为 5 vol.%),在稳定吸附一段时间(20 min)后,切换高纯 N_2 进入电化学测试系统,CV 实验结束即可得到 CO 溶出氧化峰。

五、思考题

(1) 以 CO_{ads} 作为探针分子和 H_{ads} 作为探针分子,实验获取的 Pt 电极的活性表面积方法有什么相同和不同之处?

(2) 本实验使用有毒气体 CO,在实验操作和个人安全防护上有哪些注意事项?

3.6 传质影响的电化学析氢与氢氧化反应动力学研究

一、实验目的

(1) 掌握碱性介质中,电化学析氢及其逆过程(氢氧化)反应活性的测试方法。
(2) 了解 Levich 方程的适用范围;学习运用 Levich 方程,计算碱性介质中氢氧化反应电子转移数的实验方法。

二、实验原理

氢能是可再生能源转化的理想载体,它可以改变人们对煤炭、石油以及其他矿物燃料的过度依赖,是解决国家能源安全与全球变暖等一系列问题的关键替代能源。当前,我国的新能源占比不断提高,然而无论如何大力发展风电、水电、光伏等可再生能源,谷电、弃电都是不可避免的问题,2017 年的数据显示我国全年弃风电量 419 亿 kW·h、弃光电量 73 亿 kW·h、弃水电量 515 亿 kW·h、弃核电量 393 亿 kW·h,2017 年合计丢弃的清洁能源电量超过 1 400 亿 kW·h。如果将这部分清洁电能用来形成绿氢进行储备,为燃料电池等氢能体系供能,对于节能、消除碳排放具有重大的意义。

在氢能的转化与利用中,扮演重要角色的电化学析氢反应(Hydrogen evolution reaction,HER)与氢氧化反应(Hydrogen oxidation reaction,HOR)有了更广泛的应用前景。碱性介质中,可逆的 HER 和 HOR 反应式如式(3.18)所示。

$$2H_2O + 2e^- \underset{HOR}{\overset{HER}{\rightleftharpoons}} H_2 + 2OH^- \tag{3.18}$$

利用旋转圆盘电极开展电极活性测试是表征电催化材料本征活性的基本方法。其优点在于,电极/溶液界面反应物传质边界层厚度 δ 与电极转速之间有着明确的函数关系[式(3.19)]。因此,可以通过系统的改变反应的转速来调控反应物、产物的传质。

$$\delta = 1.62 D_i^{\frac{1}{3}} v^{\frac{1}{6}} \omega^{-\frac{1}{2}} \tag{3.19}$$

此时,电极反应的极限电流密度与电极转速的关系可由 Levich 方程描述,如式(3.20)所示。其中,ω 是角速度,v 是动力学粘度,C 是反应物浓度,j_{lim} 是极限电流密度,A 是电极面积,D 是扩散系数。

$$j_{lim} = 0.62 n FAC D^{2/3} v^{-1/6} \omega^{1/2} \tag{3.20}$$

可见,对于碱性介质中的 HOR,若已知氢气在水中的扩散系数与饱和溶解度,实验获得不同角速度 ω 条件下 HOR 的极限电流密度 j_{lim},通过对 j_{lim} 与 $\omega^{1/2}$ 作图,通过斜率可以计算得到 HOR 的电子转移数。依据电子转移数的大小,可评价 HOR 电催化剂活性,进一步可进行电极动力学的深入分析。

不同于 HOR,HER 反应是水直接参与的反应,由于水广泛存在于电极溶液界面,因此流动边界层的变化在理论上不会对 HER 的测试结果产生影响,故 Levich 方程理论上对于 HER 并不适用。

三、实验仪器

电化学工作站;旋转圆盘电极装置;三电极体系玻璃电解池;恒温循环水;制冰机;恒温水浴电解池;25 μL 微量注射器。

玻碳工作电极;Pt 片电极;饱和甘汞电极;氢氧化钾(分析纯);0.05 μm 的抛光粉(Al_2O_3);Nafion® 树脂(5 wt.%);Pt/C(20 wt.%)催化剂;无水乙醇。

四、实验步骤

(1)玻碳电极的预处理

玻碳电极在使用前,先用湿润的无尘纸轻轻擦拭电极表面,去除表面污物,并确保电极表面光滑。在麂皮上撒上少量 0.05 μm 的抛光粉(Al_2O_3),然后滴加上少量去离子水,在玻碳电极的绝缘部分略微搅匀。之后竖直手握玻碳电极尾部,使玻碳电极在麂皮表面慢速打磨,移动路径为圆形或者"8"字形。接着,用去离子水冲洗电极表面,再移入超声水浴中清洗。具体实施的细节如下:将磨好的玻碳电极头竖直放在盛有少量蒸馏水的小烧杯中,将小烧杯置于超声水浴中超声 10~30 s,蒸馏水和乙醇交替洗两次。最后,用乙醇冲洗一遍,室温下静置干燥备用。

(2)Pt/C 催化剂浆液及涂层制备

称取 5 mg Pt/C(20 wt.%)催化剂,加入 1 mL 无水乙醇,在冰水浴中超声分散 5 min。随后加入 50 mL 的 Nafion® 溶液(5 wt.%),继续在冰水浴中超声分散 10 min,得 Pt/C 催化剂浆液备用。

用 25 μL 微量注射器将 20 μL 的上述浆液分次滴涂到玻璃碳电极上,在红外灯照射下(远距离),使乙醇挥发完全,时间约为 30 min。

(3)Pt/C 催化剂 HOR/HER 实验装置搭建

配制 0.01 mol·L^{-1} KOH 水溶液作为电解液,并装入如图 3-9 所示的玻璃电解池中。在涂有 Pt/C 催化剂的玻碳电极(工作电极)表面滴一滴电解液,随后将其安装到旋转圆盘电极装置上;调整高度使其置于 KOH 溶液的液面之下。与此同时,将饱和甘汞电极(SCE)和 Pt 片电极置于电解池中,分别作为参比电极和对电极。将上述三电极与电化学工作站对应的电极连接线相连,电解池的水浴套与恒温循环水装置相连,控制循环水温度为 25 ℃。

图 3-9 恒温三电极体系电解池

(4) Pt/C 催化剂 HER 性能测试

向恒温水浴电解池中通入高纯氮气,鼓泡 30 min。以 Pt/C 担载的玻璃碳电极为工作电极,以饱和甘汞电极(SCE)和 Pt 片电极为对电极和参比电极,在 0.05~1.2 V(vs. RHE)电位区间,应用循环伏安(CV)方法,以 100 mV·s^{-1} 的扫描速率,至少扫描 50 圈至最终 CV 曲线重合,以保证表面清洁及体系稳定。

随后,将旋转圆盘电极转速分别调至 400 rpm、800 rpm、1 200 rpm、1 600 rpm 和 2 400 rpm,在 -0.1~0.05 V(vs. RHE)的电位区间进行动电位扫描,扫速速率 1 mV·s^{-1}。其中,阴极电流密度上限设为 5 mA,以避免大量气泡产生。

在 HER 的平衡电位处,以 5 mV 为交流振幅,在 10^{-1}~10^5 Hz 的频率范围测试 EIS。取 Nquist 图中高频阻抗与实轴的交点为界面电阻,并计算获取内阻校正的 HER 极化曲线。

(5) Pt/C 催化剂 HOR 性能测试

向恒温电解池中通入高纯氢气,鼓泡 30 min。将旋转圆盘电极转速分别调至 400 rpm、800 rpm、1 200 rpm、1 600 rpm 和 2 400 rpm,在 -0.05 V~0.5 V(vs. RHE)的电位区间进行动电位扫描,扫速 1 mV·s^{-1}。

在 HOR 平衡电位处,以 5 mV 为交流振幅,在 10^{-1}~10^5 Hz 的频率范围测试 EIS。同样,取 Nquist 图中高频阻抗与实轴的交点作为电极/溶液界面的电解质电阻内阻,并计算不同转速下,内阻校正的 HOR 活性。

通过对 j_{lim} 与 $\omega^{1/2}$ 作图,依据式(3.20)计算获取 HOR 的电子转移数。

五、思考题

(1) 碱性介质中,Pt/C 催化剂表面 HOR 是否有极限电流?其电子转移数是多少?

(2) 碱性介质中,Pt/C 催化剂表面 HER 是否有极限电流,为什么?

(3) 碱性介质中,Pt/C 催化剂表面的 HOR 与 HER 过程是否可逆?分析两者的速率控制步骤是否存在差别?

3.7 金属腐蚀速率的电化学测试技术

一、实验目的

(1) 掌握电化学线性极化与 Tafel 外推法获取腐蚀金属腐蚀速率的基本原理。

(2) 掌握测试腐蚀体系的极化曲线的方法,掌握依托极化曲线计算极化电阻、塔菲尔斜率以及金属腐蚀速率的方法。

二、实验原理

金属腐蚀速率有许多测量方法,其中重量法和电化学法最为常用。重量法是测定金属腐蚀速率最可靠的方法,多用于检测材料的耐腐蚀性能、评测缓蚀剂、改变工艺条件时检查防腐效果等。然而,该方法实验周期长,无法实现试样的快速评价。电化学法在评价材料耐蚀性方面有方法简单、测试快捷的特点,在腐蚀速率的快速诊断中优势明显。本实验采用电化学法(线性极化和 Tafel 外推法)获取试样的腐蚀速率。

(1)线性极化法

线性极化技术是快速测定腐蚀速率的一种电化学方法。测试原理是:对工作电极外加电流 i 进行极化,使工作电极电位偏离自腐蚀平衡电位,此时电位极化值($|\Delta E|<10\ \text{mV}|$)与 i 呈线性关系。根据塞特恩(Stern)和盖里(Geary)的理论推导,由活化极化控制腐蚀体系的极化电阻与外加电流 i 之间存在如下关系:

$$R_\text{p}=\frac{\Delta E}{i}=\frac{b_\text{a} \cdot b_\text{c}}{2.303(b_\text{a}+b_\text{c})i_\text{corr}} \tag{3.21}$$

对于某一特定的腐蚀体系,b_a 和 b_c 均为常数,因而有式(3.22)。

$$B=\frac{b_\text{a} \cdot b_\text{c}}{2.303(b_\text{a}+b_\text{c})} \tag{3.22}$$

故极化电阻 R_p 可写为:

$$R_\text{p}=\frac{\Delta E}{i}=\frac{B}{i_\text{corr}} \tag{3.23}$$

很显然,R_p 和腐蚀电流密度 i_corr 成反比。若依据法拉第定律,直接将 i_corr 换算成腐蚀的失重腐蚀速率或深度腐蚀速率,即可获得 R_p 和腐蚀速度的反比关系。如果在腐蚀体系中评选缓蚀剂或筛选耐蚀金属材料,只要分别测定 R_p 值,就可以比较其腐蚀速度的大小。

(2)Tafel 外推法

上述由 R_p 计算腐蚀速度,需要分别确定腐蚀阳极过程和阴极过程的 Tafel 斜率 b_a 和 b_c 值,适用于极化值较小的使用环境。在极化值(或过电势 η)较高时,极化值与外加电流 i 遵循 Tafel 关系(式 3.24)。

$$\eta=|\Delta E|=a+b\log i \tag{3.24}$$

此时,将 $\eta\sim\lg i$ 的关系曲线的一支外推延伸至腐蚀电位,交点电流值即为腐蚀电流 i_corr。

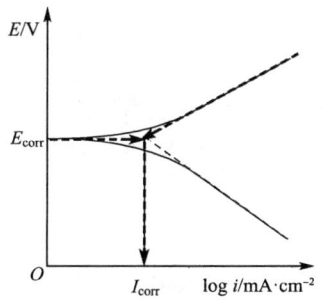

图 3-10 应用 Tafel 外推法获取腐蚀极化曲线示意图

三、实验仪器与试剂

电化学工作站;三电极体系玻璃电解池。

碳钢工作电极(封装面积 1 cm²);Pt 片电极;饱和甘汞电极;3.5 wt.%的 NaCl 水溶液。

四、实验步骤

(1)用 1000# 砂纸对碳钢电极打磨处理至表面均匀光泽,将磨好的电极放在盛有少量去离子水的小烧杯中,将小烧杯置于超声水浴中超声 10~30 s,去离子水和乙醇交替洗两次、备用。

(2)分别将碳钢电极、Pt 片电极、饱和甘汞电极放入盛有 3.5 wt.%的氯化钠水溶液的三电极体系玻璃电解池中,分别与电化学工作站的工作电极、对电极(辅助电极)和参比电极相连。

(3)线性极化法测试腐蚀电流。打开电化学工作站,首先进行 20 min 开路(OCV)电位测试;再选择"动电位扫描"方法,相对于 OCV 设定初始电位为"-0.01 V",终止电位设为"0.01 V",采用 $0.5 mV \cdot s^{-1}$ 的扫描速率,进行动电位扫描。记录试样材质、暴露面积、介质成分、自腐蚀电位、扫描电位范围、扫描速度等实验参数,绘制极化曲线,拟合获得材料在测试介质中的极化电阻和腐蚀速率。

(4)Tafel 外推法测试腐蚀电流。首先进行 20 min 开路(OCV)电位测试;再选择"动电位扫描"方法,相对于 OCV 设定初始电位为-0.3 V,终止电位设为 0.3 V,采用 $1 mV \cdot s^{-1}$ 的扫描速率,进行动电位扫描。绘制极化曲线,外推作图获得材料的极化电阻和腐蚀速率。

五、思考题

(1)线性极化法和 Tafel 外推法获取腐蚀电流的区别在哪里?
(2)能否直接由 R_p 直接求出 i_{corr} 值?
(3)腐蚀电位不稳定对测量结果有什么影响?

3.8 应用电化学阻抗谱(EIS)测定腐蚀体系的电化学参数

一、实验目的

(1)掌握 EIS 测试的基本原理及在电化学腐蚀研究中的应用。
(2)掌握防腐涂层与缓蚀剂对材料耐蚀性的影响。

二、实验原理

电化学阻抗谱(EIS)方法是一种以小振幅的正弦波电位(或电流)为扰动信号的电化学测量方法。以小振幅的电信号对体系进行扰动,一方面可以避免测试过程对电化学体系产生大的影响,另一方面也使得扰动体系的激励与响应近似为线性关系。同时,EIS 又是一种频率频响分析方法,相比于稳态电化学测试技术,它可以得到更多的动力学及电极界面结构信息。

防腐涂层是抑制金属腐蚀的一种主要的防护手段。20 世纪 80 年代,国际上已开始使用 EIS 来研究涂层与涂层的破坏过程。EIS 方法优势不仅在于采用小振幅扰动信号,测量过程不会使涂层体系在测量中发生大的改变;更重要的是可在不同的频率段获取涂层电容、微孔电阻以及涂层下基材腐蚀反应电阻、双电层电容等与涂层性能及涂层破坏过程有关的信息。当前,EIS 方法已成为研究涂层性能与涂层破坏过程的一种主要的电化学方法。涂层体系实际上是涂层覆盖的金属电极系统,材料的防腐涂层种类有很多,每种涂层对基材的防护机制也各不相同。因此,学习建立不同的等效电路模型来解析 EIS,有助于了解不同涂层体系的耐蚀性。

有机涂层通常被认为是一种隔绝层,通过阻止或延缓水溶液渗入到基材与涂层的界面来达到保护基材免受腐蚀的目的。虽然水溶液总能通过涂层的溶胀和因有机溶剂挥发而在涂层表面留下的微孔缝隙向涂层内渗透,但只要水分没有到达涂层/基材界面,那么涂层就还是一个隔绝层起到隔离水分与基材接触的作用。此时,阻抗谱所对应的物理模型则可由图 3-11 中的等效电路给出。

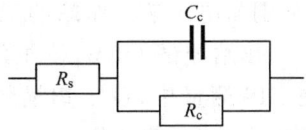

图 3-11 浸泡初期有机涂层的等效电路模型

随着浸泡时间的增加,电解质溶液对涂层的渗透达到饱和且在界面区发生腐蚀反应,腐蚀进一步发展的同时还破坏着涂层与基材之间的结合,使涂层局部与基材失粘或起泡。此时,测得的阻抗谱就会呈现两个时间常数,与高频端对应的时间常数来自涂层电容 C_c 及涂层表面微孔电阻 R_{po} 的贡献,与低频端对应的时间常数则来自界面起泡部分的双电层电容 C_{dl} 及基材腐蚀反应的极化电阻 R_p 的贡献。若涂层的充放电过程与基底金属的腐蚀反应过程都不受传质过程的影响,那么这个时期的 EIS 可以由图 3-12 中的两等效电路来描述。图 3-12 中的模型(a)适合于大多数的有机涂层。如前所述,电解质溶液是通过涂层表面的微孔渗入涂层并到达涂层/基材界面的,界面区的起泡也是局部的且与微孔相对应。在某些情况下,如果电解质溶液是均匀地渗入涂层体系且界面的腐蚀电池是均匀分布的。这种情况下,就要用图 3-12 中的模型(b)来描述两个时间常数的 EIS 了。

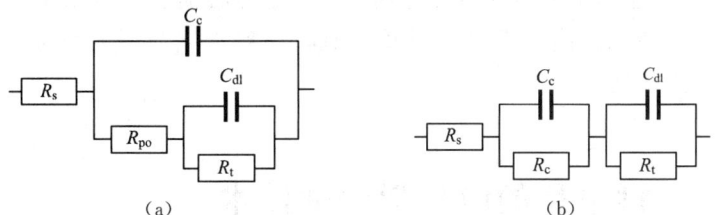

图 3-12 浸泡中期,两个时间常数 EIS 的等效电路

本实验拟采用 EIS 测试方法研究试样表面有机涂层的耐蚀性。为了研究涂层性能及涂层破坏后耐蚀性的变化,要对试验样品进行长时间、反复的测量。在浸泡初期,为了更好地了解电解质溶液渗入涂层的情况,每次测量的时间间隔要短一些(如一天进行 2 次测量)。当渗入涂层的溶液已经饱和之后,涂层结构的变化相当缓慢,每次测量的时间间

隔就可以长一些，可以几天甚至十几天测量一次。考虑到实验学时，本实验仅应用 EIS 研究涂层浸泡初期和中期耐蚀性变化。

三、实验仪器与试剂

分散均质机；金相试样预磨机；电化学工作站；三电极体系玻璃电解池。

碳钢电极（封装面积 1 cm²）；镁合金电极（封装面积 1 cm²）；钛合金电极（封装面积 1 cm²）；铂片电极；饱和甘汞电极（SCE）；环氧树脂和固化剂；乙醇（分析纯）；HCl（分析纯）；乌洛托品（分析纯）；NaCl（分析纯）。

四、实验步骤

（1）将工作电极（碳钢电极、镁合金电极与钛合金电极）分别用 500# 和 800# 水磨砂纸打磨，用去离子水、乙醇冲洗表面，吹干备用。

（2）将电解质溶液（5 vol.% HCl 水溶液）加入三电极体系玻璃电解池中，将碳钢电极、SCE 和 Pt 片电极置入其中，分别与电化学工作站的工作电极、参比电极和对电极（辅助电极）相连。首先，应用电化学工作站测试 OCV，待工作电极的腐蚀电位趋于稳定（约 30 min），即可开始阻抗测量。在 EIS 测量中，设定扫描频率范围为 100 kHz～10 MHz，交流振幅为 5 mV，电位设定在腐蚀电位（开路电位）。

（3）在 HCl 电解液中加入缓蚀剂乌洛托品，采用新的碳钢电极，重复上述 OCV 和 EIS 测试。

（4）分别采用碳钢电极、镁合金电极与钛合金电极作为工作电极，以 3.5 wt.% 的 NaCl 溶液作为电解质溶液，在各自的腐蚀电位下测量 EIS。

（5）在 3.5 wt.% 的 NaCl 溶液中，在腐蚀电位下测量已经浸泡 1 天和 1 小时后覆盖环氧有机涂层的碳钢试样的 EIS。

（6）采用交流阻抗解析软件对阻抗图谱进行解析，求出碳钢在含有不同浓度缓蚀剂盐酸中的及基底金属腐蚀反应的极化电阻。

五、思考题

（1）为什么无涂层体系 EIS 测量时施加的激励信号必须小于 10 mV？

（2）影响电化学阻抗图谱的因素有哪些？有机防腐涂层与缓蚀剂对材料在腐蚀电位下的 EIS 主要产生哪些影响？

3.9 孔蚀电位的电化学测试技术

一、实验目的

（1）掌握孔蚀电位的电化学测试方法及原理。

（2）了解可钝化金属击穿电位的意义，并应用其定性判断金属的耐孔蚀性能。

二、实验原理

不锈钢、铝等金属在许多介质中易形成钝化膜,从而获得很好的耐蚀性。材料表面的钝化膜可自发形成,也可在一定的介质中通过阳极极化制备。在阳极氧化过程中,钝化膜可在一定电位下形成,同样也可在电位达到钝化膜被击穿的电位时钝性被破坏,从而产生孔蚀。

图 3-13 给出了应用电位扫描方法测定不锈钢材质的阳极极化曲线。其中,E_b 为钝化膜被击穿的电位,称之为钝化电位或孔蚀电位。E_b 常用于评价金属材料的孔蚀倾向,E_b 值越正,金属耐孔蚀性能越强。当阳极极化到 E_b 时,随着电位增加,阳极电流会急剧增加;而在电流密度增加到 $200 \sim 2\,500\ \mu A \cdot cm^{-2}$ 时,则会出现反向极化,电流密度下降,直到回扫的电流密度又回到钝态电流密度值。一般情况,回扫曲线并不会与正向扫描曲线重合,回扫的电流密度重回钝态电流密度值,所对应的电位为保护电位 E_p。如图 3-13 所示,整个阳极极化曲线形成一个"滞后环"。此时,若把阳极极化曲线图分为三个区,A 为必然孔蚀区,B 为可能孔蚀区,C 为无孔蚀区。

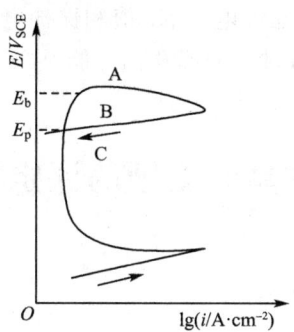

图 3-13 不锈钢的阳极极化曲线

三、实验仪器与试剂

CS310 电化学工作站;三电极体系玻璃电解池。

不锈钢 304 和 316L 电极(暴露面积 $1\ cm^2$);铂片电极;饱和甘汞电极(SCE);砂纸(1000#);NaCl(分析纯)。

四、实验步骤

(1)用 1000# 砂纸对所研究的不锈钢电极进行打磨处理至表面均匀,将磨好的电极放在盛有少量去离子水的小烧杯中,将烧杯置于超声水浴中超声 $10 \sim 30\ s$,去离子水和乙醇交替洗两次、备用。

(2)按要求配制 3.5 wt.% 的 NaCl 水溶液,并将其加入三电极体系玻璃电解池中。将不锈钢电极、SCE 和 Pt 片电极置入其中,分别与电化学工作站的工作电极、参比电极和对电极(辅助电极)相连。

(3)打开电化学工作站 CS310,进行开路电位测试。操作步骤如下:点击"测试方法"→"稳态极化"→"开路电位"。

(4)待开路电位稳定后,进一步进行阳极极化曲线测量。操作步骤如下:选择"测试方法"→"稳态极化"→"动电位扫描",进行动电位扫描测试。为使研究电极的阴极极化、阳极极化、钝化、过钝化全都表示出来,初始电位可设为"-0.5 V",终止电位设为"1.5 V",以上电位均相对于开路电位;动电位扫描速率设为"1 mV/s",为避免强极化对电极的损坏,可以设置当电流大于 0.5 mA 时自动停止。当电位继续向阴极方向回扫时,极化电流密度会下降,并最终形成一个封闭曲线;当极化电流小于 0(从阳极极化变成阴极极化)时终止极化过程。

(5)记录试样材质、暴露面积、介质成分、自腐蚀电位、扫描电位范围、扫描速率等实验参数并绘制 304 和 316L 不锈钢样品孔蚀曲线,计算并比较两种材料的孔蚀电位 E_b 和保护电位 E_p,据此比较材料的材质耐蚀性。

五、思考题

(1)如果增加 NaCl 的含量,孔蚀电位 E_b 值和保护电位 E_p 值会如何变化?为什么?

(2)滞后环的大小,如何反馈材料的耐孔蚀性能?

3.10 铬镍不锈钢晶间腐蚀的评定方法

一、实验目的

(1)了解铬镍不锈钢晶间腐蚀的基本原理。

(2)掌握晶间腐蚀材料表征的实验方法及晶间腐蚀等级的评定方法。

二、实验原理

沿着晶粒边界发生的选择性腐蚀称为晶间腐蚀。若发生晶间腐蚀,材料外表上往往看不出明显的变化,甚至仍能保持明亮的金属光泽,但晶粒之间的结合力已经丧失,材料的强度受到损害,是一种非常危险的局部腐蚀。晶间腐蚀曾经是不锈钢应用的一大障碍。从不锈钢钢种的发展,可以看出新的钢材种类的出现,都与解决晶间腐蚀的问题息息相关。

就材料本身而言,晶界边界不但原子排列不整齐、本身化学稳定性低,而且往往存在成分偏析、新相生成、位错和缺陷密集的地方,因此在物理化学性质上与晶体本身存在很大差异。图 3-14 给出了晶间腐蚀的原理图。可见如果材料在某介质中的腐蚀电位在 A 点,此时晶粒和晶界均处于活性区,它们之间的腐蚀电流差别很小,整个材料发生全面腐蚀;如果腐蚀电位在 C 点,此时晶粒和晶界都处于钝态,在维钝电流都很小的情况下,无法表现出晶间腐蚀;但是当腐蚀电位在 B 点或 D 点,晶粒本体处于钝化状态而晶界则处于活化态或过钝化态,这时晶界与晶粒的腐蚀电流可能存在几个数量级之间的差异,晶间腐蚀即会发生。

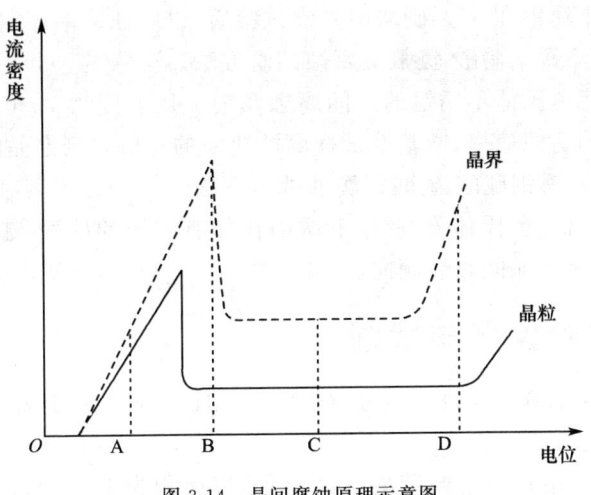

图 3-14　晶间腐蚀原理示意图

通常,在室温下奥氏体不锈钢中的碳在固溶体中溶解度很小。随着温度的升高,碳在固溶体中的溶解度也增大。在 1 000~1 200 ℃高温下淬火后,可在室温下形成被碳过饱和的固溶体,但是这种过饱和的固溶体不稳定,在 400~850 ℃的温度范围内再加热时,在晶粒边缘就有铬的碳化物$(Cr \cdot Fe)_{23}C_6$从固溶体中沉淀出来。由于碳比铬向晶界扩散的速度快,导致晶界及其邻近区域铬量贫乏。当铬量降低到钝化所需的临界限以下时,则钢具有晶间腐蚀倾向,如图 3-15 所示。

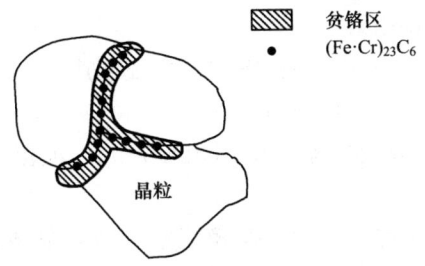

图 3-15　铬镍不锈钢贫铬及晶间腐蚀现象

目前,不锈钢晶间腐蚀的评定方法有很多。我国标准《金属和合金的腐蚀　奥氏体及铁素体—奥氏体(双相)不锈钢晶间腐蚀试验方法》(GB/T 4334—2020)规定有五种:

(1)方法 A——不锈钢 10%草酸浸蚀试验方法。

适用于奥氏体不锈钢晶间腐蚀的筛选试验,试样在 10%草酸溶液中电解浸蚀后,在显微镜下观察被浸蚀表面的金相组织,以判定是否需要进行方法 B、方法 C、方法 D、方法 E 等长时间热酸试验。在不允许破坏被测结构件和设备的情况下,该方法也可以作为独立的晶间腐蚀检验方法。

(2)方法 B——不锈钢-硫酸铁腐蚀试验方法。

适用于奥氏体不锈钢在硫酸-硫酸铁溶液中煮沸试验后,以腐蚀速率评定晶间腐蚀倾向。

(3)方法 C——不锈钢65%硝酸腐蚀试验方法。

适用于奥氏体不锈钢在65%硝酸中煮沸试验后,以腐蚀速率评定晶间腐蚀倾向。

(4)方法 D——不锈钢硝酸-氢氟酸腐蚀试验方法。

适用于检验含钼奥氏体不锈钢的晶间腐蚀倾向。用温度为70℃的10%硝酸和3%氢氟酸溶液中试样的腐蚀速率,同基准试样腐蚀速率的比值来判定晶间腐蚀倾向。

(5)方法 E——不锈钢硫酸-硫酸铜腐蚀试验方法。

适用于检验奥氏体、奥氏体-铁素体不锈钢在加有铜屑的硫酸-硫酸铜溶液中煮沸试验后,由弯曲或金相判定晶间腐蚀倾向。

三、实验仪器与试剂

恒流电源(MS-305D);预磨机(型号:M-2);金相试样抛光机(型号:P-2);金相显微镜(BX51M 奥林巴斯)。

304不锈钢试件(敏化后且封装的试件,暴露表面积为 $1\ cm^2$);Pt 片电极;两电极体系玻璃电解池;草酸(分析纯);砂纸(1500#)。

四、实验步骤

本试验采用方法 A 对不锈钢试样晶间腐蚀倾向进行评定。

操作步骤如下:

(1)用1500#砂纸在预磨机上粗磨试样,然后在金相试样抛光机上对试样进行抛光,将磨好的电极放在盛有少量去离子水的烧杯中,将烧杯置于超声水浴中超声10~30 s,去离子水和乙醇交替洗两次、备用。

(2)将100 g 草酸溶解于900 mL 去离子水中,配制成10 wt.%的草酸水溶液,将其置于 H 型两电极体系电解槽中。以敏化后且封装的304不锈钢试件为工作电极,以 Pt 片电极为对电极(辅助电极)。应用恒流源施加 $1\ A\cdot cm^{-2}$ 电流5~10 min(可根据实际样品敏化情况,调整电解时间)。

(3)取出试样洗净、吹干,并用金相显微镜观察。金相显微镜观察草酸电解浸蚀试验后试样的浸蚀部位。放大倍数为500倍,根据表3-4和图3-16判定组织的类别。

表3-4　　　　　　　　　　晶界形态的分类

类别	名称	图示	组织特征
一类	阶梯组织	图3-14(a)	晶界无腐蚀沟,晶粒间呈台阶状
二类	混合组织	图3-14(b)	晶界有腐蚀沟,但没有一个晶粒被腐蚀沟包围
三类	沟状组织	图3-14(c)	晶界有腐蚀沟,个别或全部晶粒被腐蚀沟包围
四类	游离铁素体组织	图3-14(d)	铸钢件及焊接头晶界无腐蚀沟,铁素体被显现
五类	连续沟状组织	图3-14(e)	铸钢件及焊接头沟状组织很深,并形成连续沟状
六类	凹坑组织Ⅰ	图3-14(f)	浅凹坑多,深凹坑少的组织
七类	凹坑组织Ⅱ	图3-14(g)	浅凹坑少,深凹坑多的组织

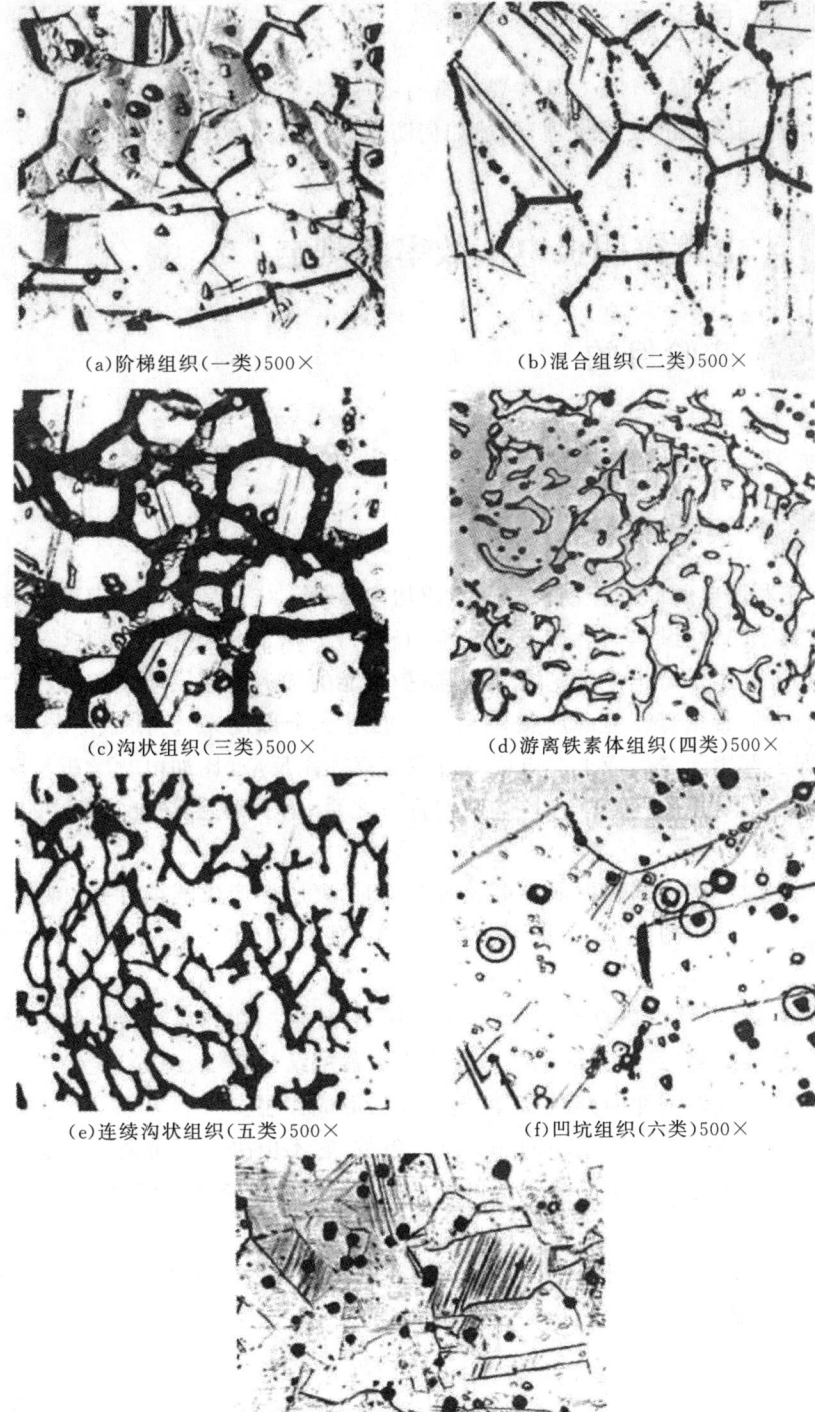

(a)阶梯组织(一类)500×   (b)混合组织(二类)500×

(c)沟状组织(三类)500×   (d)游离铁素体组织(四类)500×

(e)连续沟状组织(五类)500×   (f)凹坑组织(六类)500×

(g)凹坑组织(七类)500×

图 3-16 晶间腐蚀的组织类别

五、思考题

(1)晶间腐蚀机理是什么？其主要危害有哪些？
(2)基于晶间腐蚀的发生机理，阐述如何防止晶间腐蚀。

3.11 电镀锌阴极电流效率的测定

一、实验目的

(1)学会用铜库仑计测定电流效率的方法。
(2)掌握测定阴极电流效率的原理。

二、实验原理

电镀锌是利用电解原理在制件表面形成均匀、致密、结合良好的锌镀层的表面处理技术。锌本身属于两性金属，其标准电极电位为-0.76 V，对钢铁基体来说，锌镀层属于阳极型镀层，它主要用于防止钢铁的腐蚀，其防护性能的优劣与镀层厚度密切相关。而在电镀锌过程中，人们希望直流电源所提供至阴极的电子全部用来还原沉积 Zn 镀层所需的金属组分，即全部用于主反应上。电镀锌过程若存在副反应(比如电化学析氢反应)，其不仅会消耗电子，即电流的利用率往往达不到百分之百；而且还会影响锌镀层的质量，表现在如下几个方面。

(1)氢气泡附着在工件表面而不能及时逸出时，镀层会产生气体针孔、麻点。
(2)由于氢气分子的体积小，易渗入基体材料，使其产生"氢脆"，甚至产生"氢致延迟断裂"。
(3)渗入基体的氢气富集时会产生很大的压力，使镀层在存放一段时间后起小泡。
(4)引起镀层缺陷，最常见的是高电流密度区镀层结晶粗糙、疏松、烧焦。
(5)产生的氢气使工件内部局部"窝气"，无法形成镀层。

因此，电流效率是电镀工艺中的一个重要参数，它不但决定了电能消耗、沉积时间、生产效率等，而且通过电流效率的测定还可以了解阴极上进行电极反应的情况。其测定基本原理如下：

由法拉第定律可知，电极上析出物质的质量与电流强度和通电时间成正比，也就是与通过的电量成正比。

$$W = \varepsilon I t = \varepsilon Q \tag{3.25}$$

式中：W 为电极上析出物的质量(g)，I 为电流(A)，t 为通电时间(s)。ε 为电化学当量($mg \cdot C^{-1}$ 或 $g \cdot Ah^{-1}$)，是 1 C 或 1 A·h 电量所析出的物质的量。如果以 E_M 表示析出物质的克当量(即 $E_M =$ 克原子数/价数)，根据(3.25)式计算得：

$$\varepsilon = \frac{W}{Q} = \frac{E_M}{96\,500} \tag{3.26}$$

$$W = \frac{E_M}{96\ 500C} \cdot It \tag{3.27}$$

考虑到电极反应中除主反应外还存在副反应,阴极析出物质的总量会比理论值低。此时,实际阴极析出物质的量与理论值之比称为电流效率($\eta_{current}$)。

$$\eta_{current} = \frac{W_{M_0}}{W_M} \times 100\% \tag{3.28}$$

其中,W_{M_0}为实际析出量,W_M为理论析出量。进一步计算,可得:

$$\eta_{current} = \frac{W_{M_0} \cdot 96\ 500}{I \cdot t \cdot E_M} \times 100\% \tag{3.29}$$

由式(3.29)可知,$\eta_{current}$可通过测量阴极还原电量与阴极析出的物的质量来确定。

测量电量通常用铜库仑计。铜库仑计是一个铜电解槽,它的电流效率在通常情况下可认为是100%,将此铜库仑计串联接入待测的电解槽中。从铜库仑计阴极析出铜的质量可求出通入的电量(式3.30)。因此,可由式(3.31)求出被研究电解槽的电流效率。如以W_{Cu}表示铜库仑计中铜的质量,铜的克当量为31.785 g。

$$It = \frac{W_{Cu} \cdot 96\ 500}{31.785} \tag{3.30}$$

$$\eta_{电流} = \frac{W_{M_0} \cdot 31.785}{W_{Cu} \cdot E_M} \times 100\% \tag{3.31}$$

三、实验仪器与试剂

(1)实验设备

恒流电源(MS-305D);电解槽两个(尺寸:10 cm×10 cm×10 cm);电子天平(型号,精度);吹风机;干燥器;锌板两块(99.9%,尺寸:3 cm×5 cm);铜板两块(99.9%,尺寸:3 cm×5 cm);铜片2块(99%,尺寸:3 cm×5 cm);铜库仑计。

(2)铜库仑计溶液配方:

硫酸铜(分析纯)125 g·L^{-1};硫酸(分析纯)25 mL·L^{-1};乙醇50 mL·L^{-1};阴极电流密度0.1~1 A·dm^{-2}。

(3)酸性镀锌液配方:

氯化铵200~250 g·L^{-1};氨三乙酸20~30 g·L^{-1};氯化锌50~60 g·L^{-1};醋酸钠30~50 g·L^{-1};硫脲1~1.5 g·L^{-1};聚乙二醇1~1.5 g·L^{-1};洗涤剂0.1~0.5 mL·L^{-1};pH 5.4~6.2;温度15~30 ℃;阴极电流密度0.8~15 A·dm^{-2}。

四、实验步骤

(1)配制镀锌液

①向烧杯中加入其体积的1/2~2/3的蒸馏水,加热至50~60 ℃(不宜超过65 ℃),按量称取氯化铵加入水中使其溶解。边搅拌边加入所需量的氯化锌、醋酸钠、氨三乙酸,并不断搅拌使其溶解。如发现氨三乙酸不能完全溶解时,可加入浓氢氧化钠溶液使其完全溶解。

②加入所需量的硫脲、聚乙二醇和洗涤剂，加水至规定体积，充分搅拌。用醋酸和氢氧化钠调 pH 至 5.4～6.2。

(2) 测量电镀槽所用阴极的面积，根据规定的电流密度计算出所需的电流强度。

(3) 电极处理：锌板用去污粉擦洗除油，用去离子水冲洗后，浸泡在去离子水中；铜片及铜板在 HNO$_3$ 溶液中浸渍 30 s 后，迅速用去离子水清洗，用滤纸吸水、吹干，并放入干燥器中。

(4) 把镀锌槽与铜库仑计按图 3-17 所示连接线路。镀锌槽的两个阳极是锌板，阴极是纯铜片。铜库仑计的两个阳极是纯铜板，阴极是纯铜片。称量两片阴极质量，并记录数据。

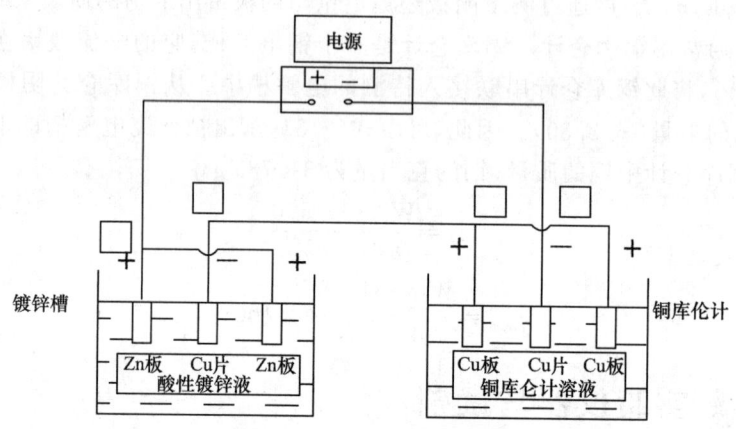

图 3-17　测量电流效率的线路图

(5) 分别将铜库仑计与镀锌槽所用溶液放入铜库仑计槽和镀锌槽中。

(6) 接通电源，电极带电下槽，并调节电流至规定电流密度下(1 A·dm^{-2})进行电解。

(7) 电解 20 min，带电将两个阴极同时取出，用去离子水冲洗，再用滤纸吸水，吹干，然后在天平上称量两片阴极质量，计算电流效率，记录在表 3-5 中。

表 3-5　　　　　　　　　　实验记录表

序号	电解槽	电极质量 电解前	电极质量 电解后	金属增重	电流效率
1	镀锌槽				
2	铜库仑计				

五、思考题

(1) 电极电流效率通常低于 100% 的主要原因有哪些？

(2) 通过哪些手段可以提高电极电流效率？

(3) 对于电镀过程，电极电流效率提升后有哪些好处？

3.12 铜表面电化学抛光和电镀镍实验

一、实验目的

(1)掌握铜表面电化学抛光的基本原理。
(2)掌握电镀的基本原理与电极过程,了解电镀液成分对镀层性能的影响。

二、实验原理

电化学抛光属于电化学加工技术的一种,也称电解抛光。电解抛光是以被抛工件为阳极、不溶性金属为阴极,通直流电而产生选择性的阳极溶解,从而达到工件表面光亮度增大的效果。其实现金属工件表面整平的基本原理如下:在电解抛光时,工件表面凸起部位电力线最为集中,阳极溶解速度快;而凹谷部位电力线分布少,溶解速度慢。凹凸部分溶解速度的差异,是工件表面经过适当的时间电解抛光后得以整平的基本原因。此外,在反应一段时间后,阳极附近产物会生成金属盐薄膜。这层液膜不仅能阻碍阳极的溶解,还能在一定程度上提高阳极过电位,促进阳极表面形成氧化膜,使金属零件处于轻微的钝态,不易受到化学介质的腐蚀。

镍具有很强的钝化能力,在空气中能迅速地形成一层极薄的钝化膜,使其保持持久不变的色泽。在常温下,镍能很好地防止大气、水、碱液的侵蚀;在碱、盐和有机酸中很稳定;在硫酸和盐酸中的溶解度很小。镍的硬度较高,表面镀镍不仅能提高制品的表面硬度,还能使其具有较高的耐蚀性。因此,与镀锌、铜等不同,镀镍不需要特殊的络合剂和添加剂。考虑到镍在强酸中无法稳定存在,镍镀膜的电镀液一般采用弱酸性电解液。

三、实验仪器及试剂

恒流电源(最大电流5 A)一台;矩形电解槽两个;吹风机;粗糙度仪(TR110);金相显微镜(BX51M 奥林巴斯)。

镍片2片(纯度:99.9%,尺寸:50 mm ×45 mm×1 mm);铜片3片(纯度:99%,尺寸:50 mm ×45 mm×1 mm);不锈钢试片(304 不锈钢,尺寸:50 mm ×45 mm×1 mm)。

四、实验步骤

(1)铜表面电解抛光
①Cu 试片用丙酮除油,再用去污粉擦洗,表面无油无锈后,用吹风机吹干,用粗糙度仪测试铜片表面粗糙度。
②将铜片和不锈钢试片放入浓磷酸中,分别连接恒流电源的正极和负极,按照表3-6所示电抛光电流密度和时间进行电抛光工艺。

表 3-6　　　　　　　　　铜及铜合金电化学抛光溶液组成

组成及条件	磷酸(密度＝1.7 g·mL^{-1})
温度(℃)	20
电流密度(A·dm^{-2})	7
时间(min)	25
阴极	铜

③待电抛光实验结束后,将试片从抛光液取出后水洗,吹干称重,再次测量试件表面粗糙度,并记录数据。

(2)铜表面电镀镍

①分别将镍片和电抛光铜试片放入电镀镍电解液中,分别连接恒流电源的正极和负极。具体的电镀镍电解液的组成和工艺条件见表 3-7。其中普通镀镍、光亮镀镍和半光亮镀镍三种镀液中采用的电流密度分别为 1 A·dm^{-2}、2 A·dm^{-2}、4 A·dm^{-2},电镀时间 15 min。

②待电镀镍实验结束后,将阴极试片取出,冲洗干净,用吹风机彻底吹干,冷却至室温,在天平上称重,用测厚仪测量厚度,并记录数据。

③计算镀件的增重和镀层的厚度,应用晶相显微镜和粗糙度仪观察三种镀液得到的镀层的异同。

表 3-7　　　　　　　不同电镀镍电解液的组成和工艺条件

组成及工艺 \ 配方浓度/(g·L^{-1})	普通镀镍	光亮镀镍	半光亮镀镍
硫酸镍	250~300	250~300	240~280
氯化钠	7~9	—	—
氯化镍	—	30~50	45~60
硼酸	35~40	35~40	30~40
硫酸钠	80~100	—	—
硫酸镁	50~60	—	—
糖精	—	0.6~1.0	—
1、4 丁炔二醇	—	0.3~0.5	0.2~0.3
十二烷基硫酸钠	0.05~1.00	0.05~0.15	—
醋酸	—	—	1~3
pH	4.0~4.5	1.4~4.6	4.0~4.5
温度/℃	35~40	40~50	45~50
阴极电流密度/(A·dm^{-2})	0.8~1.0	1.5~3.0	3~4
搅拌/阴极移动	—	需要	搅拌/阴极移动

五、思考题

(1)描述电化学抛光机理。

(2)描述镀镍光亮剂的分类及光亮剂的作用机理。

3.13 具有赝电容特性聚苯胺电极的制备及超级电容器性能研究

一、实验目的

(1) 掌握超级电容器的分类和工作原理、电极结构与性能测试方法。
(2) 掌握赝电容的特点、工作原理和种类。
(3) 掌握导电高分子聚苯胺的原位合成方法。

二、实验原理

电化学电容器又名超级电容器(Supercapacitors),是一类介于传统电容器和充电电池之间的新型储能装置,它既具有电容器快速充放电的特性,同时又具有电池的储能特性,在便携式仪器设备、数据记忆存储系统、电动汽车电源以及应急后备电源等领域有着广阔的应用前景。根据电极材料的不同,超级电容器可分为碳电极双层超级电容器、金属氧化物电极超级电容器和有机聚合物电极超级电容器。

以导电聚合物(如聚吡咯、聚苯胺和聚噻吩等)为电极的超级电容器,其电容一部分来自电极/溶液界面的双电层,更主要的一部分是由法拉第准电容提供。其作用机理是:通过在电极上聚合物膜中发生快速可逆 N 型、P 型掺杂和去掺杂的氧化还原反应,使聚合物达到很高的储存电荷密度,产生很高的法拉第准电容而实现储存电能。导电聚合物的 P 型掺杂过程是指外电路从聚合物骨架中吸取电子,从而使聚合物分子链上分布正电荷,溶液中的阴离子位于聚合物骨架附近保持电荷平衡;而发生 N 型掺杂过程时,从外电路传递过来的电子分布在聚合物分子链上,溶液中的阳离子则位于聚合物骨架附近保持电荷平衡(如聚乙炔、聚噻吩及其衍生物)。

聚苯胺材料在一定电位范围内有良好的化学稳定性、导电性和高赝电容储能特性,近年来成为超级电容器电极材料的研究热点,其分子结构如图 3-18 所示。当 $y=0.5$ 时为本征态聚苯胺(Emeradline,EB);当 $y=1$ 时为全还原态聚苯胺(Leucoemeradine,LE);当 $y=0$ 时为全氧化态聚苯胺(Pernigraniline,PE)。聚苯胺(PANI)可通过化学氧化法和电化学法合成。其中,电化学法制备聚苯胺是在含苯胺的电解质溶液中,选择适当的电化学条件,使苯胺在阳极上发生氧化聚合反应,生成黏附于电极表面的聚苯胺薄膜或是沉积在电极表面的聚苯胺粉末。本实验采用循环伏安法电化学合成聚苯胺,拟考察其作为电极材料时超级电容器的性能。

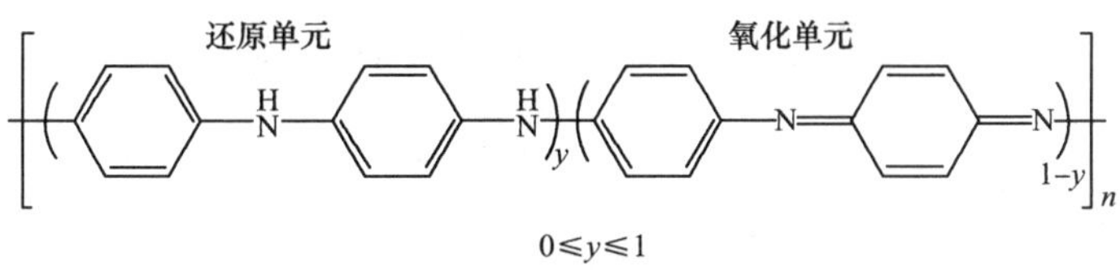

图 3-18 聚苯胺的分子结构

三、实验仪器

CHI-660E 电化学工作站;不锈钢电极 1×5 cm²;Ag/AgCl 参比电极;Pt 片电极;三电极体系玻璃电解池;四探针电导率仪。

苯胺;浓硫酸(98 wt.%,分析纯);丙酮(分析纯);无水乙醇(分析纯)。

四、实验内容

(1) 聚苯胺电极的电化学制备

①配置电解液。配制 0.2 mol·L⁻¹ 苯胺和 0.5 mol·L⁻¹ 硫酸混合电解液。

②准备尺寸 25 mm×10 mm×0.5 mm 的 304 不锈钢样品。样品经砂纸打磨后,依次用丙酮、无水乙醇、去离子水清洗干净,吹干后称重。

③采用 CV 方法电化学合成聚苯胺。将 304 不锈钢样品(工作电极),Pt 片(对电极)和 SCE 电极(参比电极)置于三电极体系电解池中。在 -0.2~1.2 V(vs. SCE)电位区间,应用循环伏安(CV)方法先扫描 2 个循环,再在 -0.2~0.9 V 扫描 50 个循环,扫描速率 50 mV·s⁻¹。聚合完毕取出工作电极,依次用 0.5 mol·L⁻¹ 硫酸和蒸馏水清洗,以除去未聚合和低聚合度的苯胺。干燥后得到聚苯胺薄膜电极,称重并计算电极质量。

④用四探针电导率仪测试聚苯胺的电导率。

(2) 聚苯胺电极的电容性能研究

采用电化学工作站对聚苯胺电极进行 CV 和恒流充放电测试。以聚苯胺电极为工作电极、铂片电极为对电极、Ag/AgCl 电极为参比电极构成三电极体系,以 1 mol·L⁻¹ 硫酸溶液为电解液。测定电极材料的循环伏安曲线(电压范围 -0.2~0.8 V)、恒流充放电曲线(电位窗口 0~0.8 V),充、放电电流为 2 mA·cm⁻²。

(3) 数据记录和处理

①记录聚苯胺电极在不同扫速下的循环伏安曲线,并分析。

②记录聚苯胺电极在不同充放电流密度下的恒流充放电曲线,计算电容。典型的恒流充放电曲线如图 3-19 所示。电极活性物质的质量比容量(F·g⁻¹)可以用下式计算:

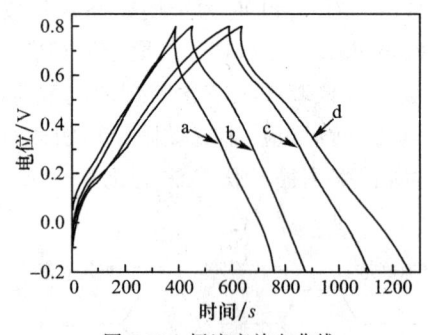

图 3-19 恒流充放电曲线

$$C = \frac{i \cdot t_d}{m \cdot \Delta V} \tag{3.32}$$

式中:t_d 为充/放电时间,ΔV 为充/放电电压升高/降低平均值,m 为单/双电极上活性物质的总质量,i 为充/放电电流。

五、思考题

(1)影响聚苯胺的电导率的因素有哪些?
(2)影响聚苯胺电极电容性能的因素有哪些?

3.14 质子交换膜燃料电池的电化学阻抗谱解析

一、实验目的

(1)学习质子交换膜燃料电池(PEMFC)电化学阻抗谱的实验测试方法。
(2)掌握 O_2 传质对 PEMFC 电化学阻抗谱的影响规律。
(3)学习应用等效电路模型解析 EIS 的实验方法。

二、实验原理

氧还原反应(ORR)是质子交换膜燃料电池(PEMFC)的慢过程,其 O_2 计量或分压显著影响 PEMFC 的阴极活性。电化学阻抗谱(EIS)可以提供与时间相关的电极过程动力学信息,可通过其在不同频域下的 EIS 响应,来区分电极过程失效是源于离子传输、界面电子转移还是物质传递。为此,应用 EIS 开展 PEMFC 阴极 O_2 计量的量化分析与诊断,对 PEMFC 的水淹识别与系统控制具有重要的现实意义。

等效电路是认识 EIS 谱图的重要方法之一。考虑到 PEMFC 可忽略的阳极过电位,用于 PEMFC 解析的 EIS 等效电路如图 3-20 所示。其中,L 代表导线电感,R_{mem} 为电解质电阻,R_{ct} 为 ORR 的电荷转移电阻,R_{total} 为阴极的传质阻抗,CPE 为电荷转移非理想界面电容,C 为界面扩散电容。此时,在恒定电流模式对系统施加电流扰动,可获取 PEMFC 的电化学阻抗谱。EIS 的各等效电路各元件数值,可采用 ZSimDemo 软件拟合实验结果,应用非线性最小二乘方法优化获取。其电荷转移电阻 R_{ct} 与 R_{total} 的变化,可反映 ORR 因氧气传质阻力的增加而带来的 EIS 变化。

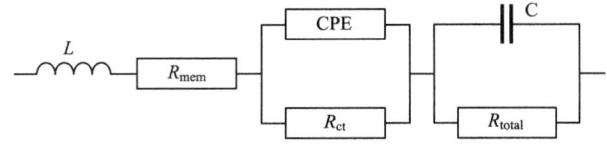

图 3-20 用于 PEMFC 分析的等效电路模型

三、实验仪器与试剂

PEMFC 燃料电池测试表征平台;PEMFC 单电池;Zenium 电化学工作站和 PP241 放大器。

氢氧质子交换膜膜电极(25 cm^2);高纯 H$_2$;高纯 N$_2$;高纯 O$_2$。

四、实验步骤

(1) 打开高纯 N$_2$、H$_2$ 和 O$_2$ 气瓶的减压阀与通向燃料电池装置的各球阀,开展气路检漏,并确认室内氢气报警器正常运行。

(2) 分别设定 PEMFC 测试系统的阴、阳极的增湿温度为 60 ℃,电池温度升至 70 ℃。

(3) 打开 Zennium 电化学工作站和电流放大器 PP241,将工作电极和感知电极连接在 PEMFC 阴极(O$_2$ 和 N$_2$ 侧),对电极和参比电极连接到 PEMFC 阳极(H$_2$ 侧)。

(4) PEMFC 阳极通入增湿的 H$_2$,背压 1.0 atm,氢气流量设定为工作点 1 A·cm^{-2} 计量的 1.5 倍。

(5) PEMFC 阳极通入增湿的 N$_2$ 和 O$_2$ 的混合气,背压 1.0 atm,其中 N$_2$ 流量设定为工作点 1 A·cm^{-2} 计量的 1.8 倍;O$_2$ 流量分别设定为工作点 1 A·cm^{-2} 计量的 3、2.5、2、1.8、1.5 倍。

(6) 在恒电流 25 A(1 A·cm^{-2})模式稳定 5 min,设定交流振幅为 5 A,在 0.05~5×10^4 Hz 的频率范围,测试不同 O$_2$ 流量下 PEMFC 的 EIS。

(7) 试验结束,依次关闭高纯 N$_2$、H$_2$ 和 O$_2$ 气瓶的减压阀与通向燃料电池装置的各球阀,关闭电化学工作站与燃料电池测试台架。

(8) 应用 LR(CR)(QR)等效电路模型,拟合 PEMFC 在不同 O$_2$ 计量下的 EIS,分别获取电解质电阻 R_{mem}、电荷转移电阻 R_{ct} 以及传质阻抗 R_{total}。

五、思考题

(1) 分析 PEMFC 阴极水淹和单纯的 O$_2$ 计量降低有什么共同和不同之处?

(2) 随 O$_2$ 计量的降低,PEMFC 的 EIS 谱图中的 R_{mem},R_{ct} 及 R_{total} 如何变化?解释为什么会呈现这样的变化。

(3) 恒压模式的 EIS 测试与恒流模有什么不同?在本实验中,可否采用恒压模式开展 EIS 测试?

4 电化学工程基础实验与工程设计

4.1 质子交换膜燃料电池综合实验

一、实验目的

(1) 掌握质子交换膜燃料电池(PEMFC)的基本原理、单电池结构、组装、活化与测试方法。

(2) 掌握 PEMFC 阴极电化学比表面积的原位测试方法。

(3) 掌握 PEMFC 阴极氧还原(ORR)反应动力学参数的原位测试方法。

(4) 掌握实验室高压 H_2 使用以及实验用电安全规范。

二、实验原理

质子交换膜燃料电池(Proton Exchange Membrane Fuel Cells, PEMFC)是将化学能直接转换为电能的能量转换装置。由于其具有能量转化率高(40%~60%)、环境友好、操作温度低等优点，在汽车动力、移动电源及小型电站等方面有着广泛的应用前景。PEMFC 的单电池结构如图 4-1 所示，其核心部件膜电极(Membrane Electrode Assembly, MEA)由电解质膜、催化层、扩散层构成。MEA 两侧，阴、阳极电化学反应分别如式(4.1)和式(4.2)所示，总反应如式(4.3)所示。

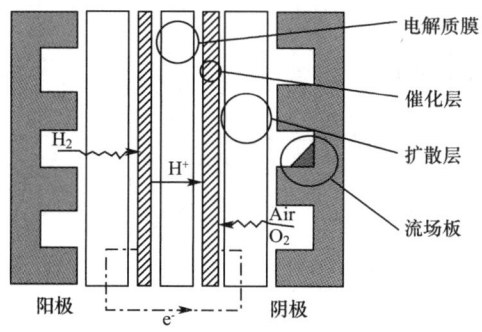

图 4-1 PEMFC 单电池结构

在 MEA 中，催化层是电化学反应的场所，一般由贵金属催化剂、粘结剂(如 Nafion®

树脂)和亲疏水剂(如 Poly Tetra Fluoro Ethylene, PTFE)构成。由式(4.1)和式(4.2)的阴、阳极半电池反应可知,为使电化学反应在催化剂表面连续不断地进行,催化层必须同时具有质子、电子以及反应物和产物连续传输的通道。通常,电子传递在具有导电性的金属催化剂(如 Pt)及碳载体中进行,质子传导通道由电解质(如 Nafion® 离子交换树脂)来构建,而反应物和产物的传输则在催化层的孔隙中完成。将同时具有"催化剂/电解质/物质传递通道"的催化层区域称为"三相界面"区,"三相界面"区面积的大小(电化学比表面积)和物质传递至其表面的难易程度是影响 PEMFC 活性的关键因素。

$$2H_2 \longrightarrow 4H^+ + 4e^- \qquad (4.1)$$
$$O_2 + 4H^+ + 4e^- \longrightarrow 2H_2O \qquad (4.2)$$
$$2H_2 + O_2 \longrightarrow 2H_2O \qquad (4.3)$$

相比于 PEMFC 阳极的氢氧化反应,阴极氧还原反应(Oxygen Reduction Reaction, ORR)是动力学慢过程。因此,原位测定的阴极的电化学比表面积(Electrochemical Active Surface Area, EASA)以及 Pt/C 表面 ORR 的本征动力学参数,已成为进行 MEA 结构优化、催化材料筛选的关键性评价指标。

(1) Pt/C 阴极 EASA 的实验测定方法与原理

PEMFC 阴极 EASA 的测定实验是以 H_{ads} 为探针分子,通过测定 Pt/C 阴极表面欠电势沉积 H_{ads} 的脱附电量,并对比单晶 Pt 表面 H_{ads} 的脱附当量,计算获取 PEMFC 阴极的 EASA 值。其中,Pt/C 表面 H_{ads} 的脱附电量是通过 CV 测试获取,测试中 PEMFC 阳极通入增湿氢气作为对电极的动态氢参比电极(DHE),阴极通入增湿的高纯 N_2 作为工作电极,其测试单电池与实验结果分别如图 4-2 和图 4-3 所示。

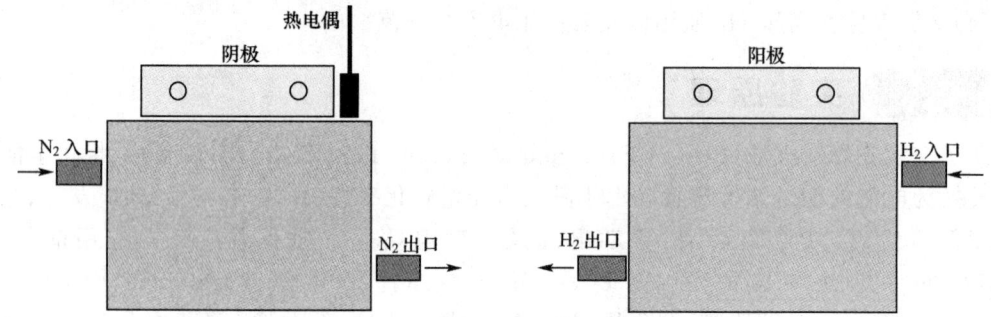

图 4-2 用于 PEMFC 阴极 EASA 测试的单电池

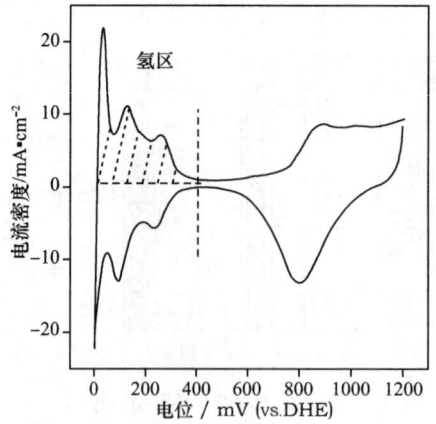

图 4-3 N_2/H_2 单电池的循环伏安曲线

在 CV 结果中,0.05~0.4 V(vs. DHE)的电位区域为氢的吸附-脱附峰。H_{ads} 的脱附电量可通过式(4.4)计算获取。其中,$\int_{0.05V}^{0.4V} j\,dE$ 为 CV 阴影部分的面积;dE/dt 为循环伏安的扫描速率。已知:氢在每平方厘米单晶 Pt 表面上发生欠电势吸附的电量为 $210\ \mu C \cdot cm^{-2}$,根据公式(4.5)即可求出 EASA(S_e)。

$$Q_{H_{ads}} = \int_{0.05V}^{0.4V} j\,dt = \frac{\int_{0.05V}^{0.4V} j\,dE}{dE/dt} \tag{4.4}$$

$$S_e = Q_{H_{ads}}[\mu C]/210[\mu C \cdot cm^{-2}] \tag{4.5}$$

(2) PEMFC 阴极 ORR 动力学参数的实验测定方法与原理

PEMFC 阴极 ORR 动力学参数可通过 PEMFC 稳态极化曲线获取,其性能测试的单电池结构如图 4-4 所示。在 PEMFC 性能测试中,阴极通入增湿空气作为工作电极,阳极通入增湿 H_2 作为对电极和参比电极。应用动电位扫描实验测得 PEMFC 的电流-电压(IV)曲线,并应用电化学阻抗谱测定 PEMFC 的内阻,计算获得内阻校正的阴极性能曲线。

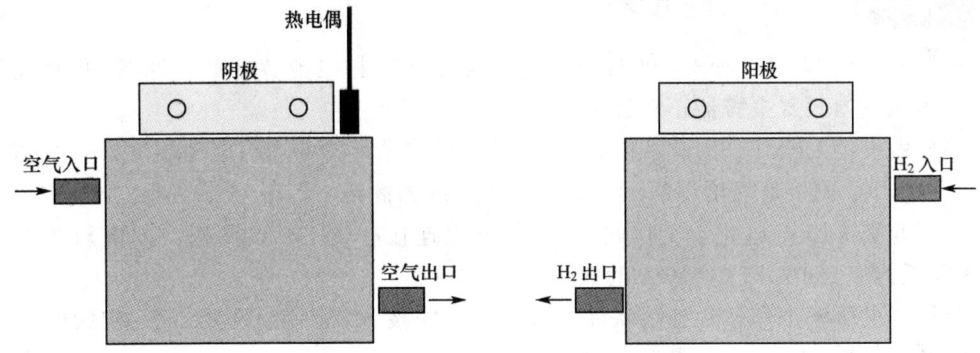

图 4-4 用于 PEMFC 性能测试的单电池

假定阴极 ORR 反应为直接四电子过程。在 PEMFC 高电流密度区域,用于描述电极反应的 B-V 方程可以简化为 Tafel 形式,如式(4.6)所示。

$$\eta_c = a + b \log j_c \tag{4.6}$$

其中,阴极过电位 η_c 可通过计算内阻校正 PEMFC 极化性能与阴极平衡电位的差值获取;进一步对 η_c 与 $\log j_c$ 作图,优选线性区域可获得 Tafel 斜率与截距。已知,Tafel 方程中的 a 和 b 值的表达式如下:

$$a = -\frac{2.3RT}{\alpha F} \log j_0 \tag{4.7}$$

$$b = \frac{2.3RT}{\alpha F} \tag{4.8}$$

由此,可计算出氧还原反应的传递系数,并能计算得到表观交换电流密度,其与 EASA 的数值相比,即可获得阴极 Pt/C 催化剂的本征交换电流密度 j_0^*。

三、实验内容

质子交换膜燃料电池综合实验包括四个实验模块:① PEMFC 单电池组装;

②PEMFC 单电池活化;③Pt/C 阴极 EASA 的实验测定方法;④PEMFC 阴极 ORR 动力学参数的原位测定,可通过线上虚拟仿真实验和线下实验两种模式进行学习。

(1)线上虚拟仿真实验

《质子交换膜燃料电池综合实验》的虚拟仿真实验部分依托 Moolsnet 平台设计开发。可通过下载 Moolsnet APP 在综合实验研究的子项目组内找上述①~④部分所有实验内容。学生可通过练习模式熟悉仿真操作,并通过考试模式完成虚拟仿真实验课程。

(2)线下实验内容

《质子交换膜燃料电池综合实验》的线下实验内容仅有③和④两部分实验内容。

四、实验仪器与试剂

自制 PEMFC 单电池;PEMFC 单电池测试平台;Zennium 电化学工作站;PP241 功率放大器;依利特高压恒流泵 P230;合肥科晶 24T 热压机;内六角扭力扳手;气氛管式炉。
PEMFC 膜电极;高纯 H_2;高纯 N_2;高纯 O_2。

五、线下实验步骤

(1)打开高纯 N_2、H_2 和 O_2 气瓶的减压阀与通向燃料电池装置的各球阀,开展气路检漏,并确认室内氢气报警器正常运行。

(2)分别设定 PEMFC 测试系统的阴、阳极的增湿温度为 60 ℃,电池温度升至 60 ℃。

(3)PEMFC 阳极通入增湿的 H_2,阴极通入增湿的高纯 N_2,稳定 30 min。

(4)打开 Zennium 电化学工作站,将工作电池连接在 PEMFC 阴极(N_2 侧),对电极和参比电极连接到 PEMFC 阳极(H_2 侧)。

(5)打开电化学工作站的控制软件选择循环伏安技术,其参数设置如下:初始电位设定为 0.4 V,最高电位 1.2 V,最低电位 0.05 V,终止电位 0.4 V。首先,选择扫描速率为 100 mV/s,扫描 20 个循环,以清除 Pt 电极表面的吸附杂质。然后,以扫描速率 20 mV/s 扫描,扫描 5 个循环并保存。

(6)实验完毕后保存 CV 原始数据文件并应用 Origin 软件作图;应用式(4.4)和式(4.5)计算得到 PEMFC 阴极的 EASA。

(7)将氧气通入 PEMFC 阴极,稳定 30 min,记录 PEMFC 的开路电位 OCV。在 PEMFC 开路,应用 5 mV 振幅,在 10^{-1}~10^5 Hz 的频率范围测试 EIS。取 Nquist 图中高频阻抗与实轴的交点作为电池内阻。

(8)控制电位在 OCV~0.5 V 之间,采用动电位扫描技术获得 PEMFC 的极化性能,扫描速率采用 1 mV/s。应用 EIS 测试获取的内阻,计算获取内阻校正的极化曲线。

(9)计算不同电流密度下 PEMFC 的过电位 η_c,进一步计算获取 η_c 与 $\log j_c$ 的关系曲线,通过 Tafel 截距和斜率计算,得到传质系数以及表观交换电流密度 j_0。计算表观交换电流密度 j_0 与 EASA 的比值,获取 Pt/C 催化剂的本征交换电流密度 j_0^*。

(10)试验结束,依次关闭高纯 N_2、H_2 和 O_2 气瓶的减压阀与通向燃料电池装置的各球阀,关闭电化学工作站与燃料电池测试台架。

六、思考题

(1) PEMFC 阴极极化的影响因素有哪些？Tafel 斜率随电流呈现什么样的变化趋势，原因何在？

(2) PEMFC 的表观表面积和电化学表面积是否存在差别？

4.2 氢能电化学的转化与高效利用综合实验

一、实验目的

(1) 掌握固体聚合物电解质（SPE）电解水的基本原理、膜电极组件、单电池结构、性能测试与效率的分析方法。

(2) 掌握燃料电池单电池的效率组成与计算方法。

(3) 掌握 SPE 电解水—燃料电池联用电化学系统的效率分析方法。

二、实验原理

氢是一种清洁高效的二次能源。当前在碳捕集与封存装置（CCS）不具备大规模推广可能性的前提下，利用可再生能源发电制氢是唯一能实现全周期零碳排放的能源发展策略。固体聚合物电解质（Solid Polymer Electrolyte，SPE）电解水制氢（氧）是质子交换膜燃料电池的逆反应，可实现电能向化学能（氢能）的直接转化，具有电解效率高、安全可靠、气体纯度高、使用寿命长等优势，近年来受到人们越来越多的关注。

SPE 电解水的单电池结构与 PEMFC 结构相似，如图 4-5 所示。其核心部件膜电极（MEA）同样由电解质膜、催化层、扩散层构成。在 MEA 两侧，阴、阳极电化学反应分别如式（4.9）和式（4.10）所示，总反应如式（4.11）所示。可见，不同于 PEMFC 单电池，SPE 电解水阳极需选择在酸性介质、高电位环境的耐蚀析氧催化材料。

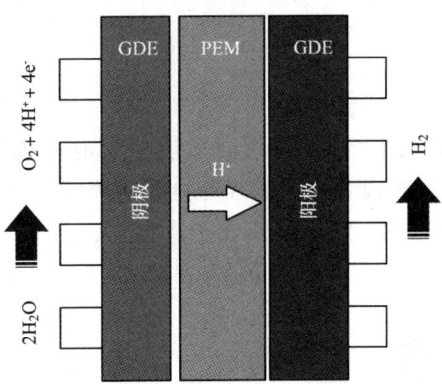

图 4-5 SPE 电解水单电池与反应机理

$$4H^+ + 4e^- \longrightarrow 2H_2 \tag{4.9}$$

$$2H_2O \longrightarrow O_2 + 4H^+ + 4e^- \tag{4.10}$$

$$2H_2O \longrightarrow 2H_2 + O_2 \tag{4.11}$$

(1) SPE 电解水单电池效率分析

电解水总反应是水在电能和热能的作用下变成氢气和氧气,其理论上所需的能量 $\Delta H(T)$ 为热能需求 $Q(T)$ 与电能需求 $\Delta G(T)$ 之和:

$$\Delta H(T) = \Delta G(T) + Q(T) \tag{4.12}$$

由于电解制氢过程本质上是将一次能源转化为二次能源(能源载体)的过程,电解水制氢系统的效率定义为:在电解制氢过程中,制备所得的二次能源(氢气)的能量与制氢过程所消耗的一次能量之比。

对于 SPE 电解池,在电解过程中所消耗的能量均由电能提供,则其总制氢效率为:

$$\varepsilon_{SPE} = (\Delta H_{H_2})/(\Delta G/\varepsilon_V) \tag{4.13}$$

其中:ε_V 为电解系统的电压效率,由(4.14)计算得到。

$$\varepsilon_V = E_{theory}/E(i, T) \tag{4.14}$$

(2) 氢氧燃料电池单电池效率分析

氢氧燃料电池是将反应物 H_2 和 O_2 中的化学能直接转化为电能的一种电化学反应装置。在其放电过程中,并非所有燃料的化学能都可转化为电能,且并非所有燃料都被利用。故燃料电池单电池效率包含有:(a) 电化学转化本身的热力学损耗,即热力学效率 ε_i。(b) 表征活性物质是否利用完全的燃料效率 ε_f。(c) 电池实际能放出的电能与理论电能转化量之比,即电压效率 ε_V。单电池效率最高的电流与电压常作为燃料电池系统工作点的优选结果,其效率表达式如式(4.15)所示。

$$\varepsilon_{FC} = \varepsilon_i \varepsilon_V \varepsilon_f \tag{4.15}$$

其中,其热力学效率为:

$$\varepsilon_i = (-\Delta G)/(-\Delta H) = 83\% \tag{4.16}$$

电压效率的表达式为:

$$\varepsilon_V = \frac{V}{E} \times 100\% \tag{4.17}$$

电流效率的表达式为:

$$\varepsilon_f = \frac{I}{I_{max}} \times 100\% \tag{4.18}$$

(3) SPE 水电解-燃料电池系统效率

利用可再生能源的电能电解水制氢,再通过燃料电池系统将 H_2 转化为电能的 SPE 水电解-燃料电池系统,是当前可再生能源利用的有效模式之一。其系统效率由 SPE 水电解池效率和燃料电池效率两部分构成,其表达式如式(4.19)所示。

$$\varepsilon_{SYS} = \varepsilon_{SPE} \cdot \varepsilon_{FC} \tag{4.19}$$

三、实验仪器

SPE 电解水与燃料电池联用测试平台;SPE 水电解单电池测试装置;燃料电池单电池测试装置;气氛管式炉;鼓风干燥箱;IT6874A 直流电源;间歇式高剪切分散乳化机;高速离心机。

四、实验步骤

（1）析氧阳极的制备

①泡沫钛的预处理：将泡沫钛在丙酮中超声清洗 10 min，去除表面油垢。

②将经过①处理后的泡沫钛在 10 wt.%的草酸溶液中，95 ℃微沸保持 1 h。

③将②步骤处理后的泡沫钛，去离子水冲洗干净，浸润于乙醇中备用。

④取 1 克氯铱酸（$H_2IrCl_6 \cdot H_2O$）溶解在 100 mL 异丙醇中，形成前驱体溶液，应用间歇式高剪切分散乳化机分散。

⑤将③步预处理完的泡沫钛用去离子水冲洗，60 ℃干燥后，将第④步配置完成的 $H_2IrCl_6 \cdot H_2O$ 前驱体溶液均匀涂覆在泡沫钛表面，在 100 ℃鼓风干燥箱中，干燥 8～10 min。

⑥重复第⑤步 20 次后，涂覆量达到 0.5 g。将其置于气氛管式炉中，在 475 ℃下，高温退火 2 h，得到 IrO_2/泡沫 Ti 析氧电极。

（2）SPE 电解水单电池的组装

SPE 水电解单电池结构如图 4-6 所示。其中，阳极组件具有依次相连的阳极端板、阳极集流板、阳极流体分配板、阳极流场板与阳极电极板；SPE 水电解单电池阴极组件具有依次相连的阴极气体扩散电极、阴极流场板、阴极流体分配板、阴极集流板以及阴极端板。所述阳极电极板与阴极气体扩散电极板间，内置电解质 Nafion® 115 膜。通过螺栓将不锈钢端板固定，螺栓与端板之间通过电木垫圈绝缘。应用扭力扳手对角拧紧端板螺栓，扭力依次施加 3 N·m、5 N·m 和 9 N·m。

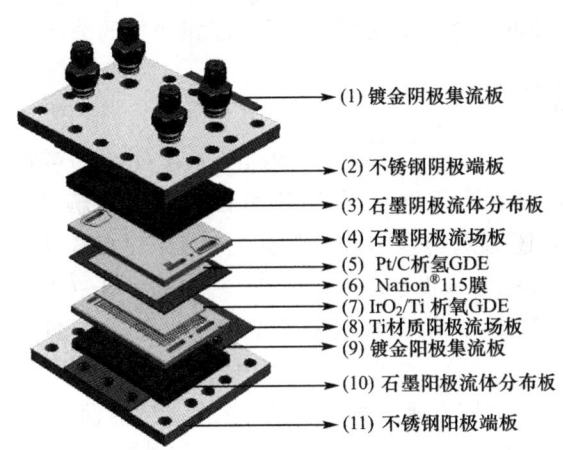

(1) 镀金阴极集流板
(2) 不锈钢阴极端板
(3) 石墨阴极流体分布板
(4) 石墨阴极流场板
(5) Pt/C 析氢 GDE
(6) Nafion® 115 膜
(7) IrO_2/Ti 析氧 GDE
(8) Ti 材质阳极流场板
(9) 镀金阳极集流板
(10) 石墨阳极流体分布板
(11) 不锈钢阳极端板

图 4-6 SPE 电解水单电池结构图

（3）SPE 电解水单电池的性能测试与效率计算

将 SPE 电解池温度升高至 60 ℃。阳极水流量为 1 mL·min^{-1}，阴极通入 30 mL·min^{-1} 高纯 N_2 的作为载气。应用 IT6874A 直流电源对 SPE 水电解池电解，恒电流操作。分别选取电流密度 0.1 A·cm^{-2}、0.2 A·cm^{-2}、0.3 A·cm^{-2}、0.4 A·cm^{-2} 和 0.5 A·cm^{-2}，记录电解槽压。依据式（4.13）计算获取 SPE 电解水单电池，在不同电流密度条件下的单电池效率。

(4) SPE 电解水单电池与 PEMFC 单电池联用电化学系统的性能测试与效率计算

将 PEMFC 单电池温度升至 60 ℃，并将 SPE 电解水阴极出口与 PEMFC 单电池阳极入口相连，并将 50 mL·min^{-1} 的 O_2 通入 PEMFC 阴极。采用 IT6874A 直流电源，恒电流模式下对 SPE 水电解池电解，电流密度可选择 3 部分的任一电流密度点。

应用电化学工作站控制电位在 OCV~0.3 V 之间，采用动电位扫描技术获得 PEMFC 的极化性能，扫描速率采用 1 mV·s^{-1}，获取 PEMFC 的极限电流密度。依据式(4.15)计算获取 PEMFC 单电池效率。进一步，通过式(4.19)计算获取 SPE 水电解－燃料电池系统效率。

五、思考题

(1) 面向 100 KW 的可再生电源，依据所设计的 SPE 水电解－燃料电池系统，最多可实现多少电能的再利用。

(2) 提出能够进一步提高 SPE 水电解－燃料电池系统电化学系统效率的方法。

4.3 CO_2 电催化转化制备燃料综合实验

一、实验目的

(1) 掌握 CO_2 电还原反应的基本原理。
(2) 掌握 H 型电解池的结构、组装与使用方法。
(3) 掌握 CO_2 电还原的活性测试方法及气相、液相产物的分析方法。

二、实验原理

CO_2 电还原反应（CO_2 Electro-reduction Reaction，CO_2RR）可在常压、近常温环境下将 CO_2 直接转化为燃料或有用化学品，是利用可再生能源缓解诸多环境问题的关键技术。CO_2RR 机理复杂且还原产物众多。一般认为，CO_2 在反应中先形成 $CO_2^{·-}$ 阴离子自由基，后断裂 C—O 键，再进一步形成 C—H 或 C—C 键。上述过程中，$CO_2^{·-}$ 阴离子自由基在 -1.90 V（vs. RHE）形成，是反应的速率控制步骤。在 Hg、Pb、In、Sn、Cd、Bi 等金属电极上，$CO_2^{·-}$ 中的氧与活性中心配位，水中的质子与碳原子结合，得到电子生成 $HCOO^-$；在 Au、Ag、Zn 等金属电极表面，$CO_2^{·-}$ 中的碳与活性位配位，水中的质子与氧原子结合后 C—O 键断裂，由于 CO_{ads} 的弱吸附，主要产物为 CO；Cu 则能继续还原 CO_{ads} 生成甲烷和乙烯等烃类产物。表 4-1 列出了上述相关反应式及反应的标准电极电位。

表 4-1　CO_2RR 反应式及标准电极电位

反应式	电位
$CO_2 + H_2O + 2e^- \rightarrow HCOO^- + OH^-$	-0.61 V
$CO_2 + H_2O + 2e^- \rightarrow CO + 2OH^-$	-0.52 V
$CO_2 + 4H_2O + 8e^- \rightarrow CH_4 + 8OH^-$	-0.24 V
$2CO_2 + 12H^+ + 12e^- \rightarrow C_2H_4 + 4H_2O$	-0.34 V

可换膜 H 型电化学反应器多用于 CO_2RR 电催化材料的优选,其结构如图 4-7 所示。反应器结构主要分为阴极腔室和阳极腔室两部分,腔室间通过固体电解质膜(Nafion® 膜)隔离,腔室间充入 $KHCO_3$ 作为电解质。在阴极腔室放置工作电极与参比电极,阳极腔室内一般放置 Pt 对电极。阴极腔室通入含有 Ar 内标的 CO_2 作为反应物,其参与的 CO_2 电还原反应通过电化学工作站控制实现;出口气体通入气相色谱仪,进行气相产物的在线分析;液相产物分析则通过取出部分电解液,借助液相核磁共振谱仪实验测定。

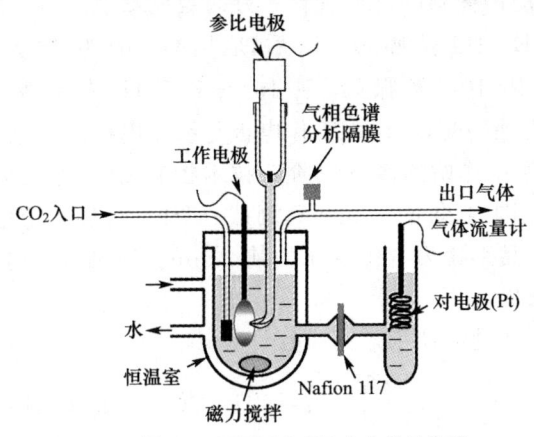

图 4-7 H 型 CO_2RR 电化学反应器

三、实验仪器与试剂

Gamry 电化学工作站(Interface3000);安捷伦气相色谱仪(7890B);Bruker AVANCE Ⅲ 500 型核磁共振波谱仪;恒温循环水泵;可换膜 H 型恒温电解池(100 mL 容积,25 mL 容积);氢气发生器;空气发生器。

Pt 片电极(2×2 cm^2);饱和甘汞电极(SCE);Cu 箔(99.5%);Sn 箔(99.5%)电极;$KHCO_3$(分析纯);无水乙醇(分析纯);磷酸(85%,分析纯);丙酮(分析纯);含 1 vol.% Ar 的 CO_2 标准气;高纯 N_2;高纯 He。

四、实验步骤

(1)Cu 箔电极表面 CO_2RR 电化学测试与气相产物分析

①剪裁 1×4 cm^2 大小的 Cu 箔一片,将其依次放入丙酮溶液、去离子水中超声处理 20 min。

②室温下,将 Cu 置于 80% 的浓磷酸中,电抛光 1 min(恒电流 0.5 A),再次用去离子水冲洗干净。最后,将 Cu 箔放入无水乙醇中备用。

③将上述预处理后的 Cu 箔用去离子水冲洗干净,留出 1 cm^2 的有效面积,剩余部分用四氟乙烯膜包裹住。将缠好的铜箔装上电极夹,固定在 H 型 CO_2RR 反应器的密封盖上。

④将 Cu 箔电极、Pt 片电极以及 SCE 装入图 4-7 所示的 H 型电解池中,其阴、阳极均装入 0.5 $mol \cdot L^{-1}$ $KHCO_3$ 电解液。进一步将 H 型电解池的水浴套与恒温循环水泵相

连,打开恒温循环水装置,并设置温度 5 ℃。将电化学工作站的连接导线与上述三电极体系的电极相连。

⑤打开气相色谱仪载气高纯 N_2 和高纯 H_2 的减压阀,以及通向气相色谱仪的各球阀,进行气路检漏。分别打开空气发生器、氢气发生器以及气相色谱仪。打开含 Ar 内标 CO_2 气体的减压阀,以及通向 CO_2RR 反应器的各球阀。通过质量流量控制器,控制进入反应器的气体流量为 $40\ mL\cdot min^{-1}$。进一步将反应器出口管与气相色谱仪自动进样阀的入口管相连,同时将自动进样阀的出口管置于万向吸风罩中。

⑥在 CO_2 气体通入 H 型电解池 30 min 后,应用 Gamry 电化学工作站进行 EIS 测试。在 CO_2RR 开路,应用 10 mV 振幅,在 $10^5 \sim 10^{-1}$ Hz 的频率范围测试 EIS。取 Nquist 图中高频阻抗与实轴的交点,作为工作电极与参比电极间的电解质电阻。

⑦应用 Gamry 电化学工作站的多电位阶跃技术控制 CO_2 电还原反应。在 $-2.5 \sim -1.5\ V(vs.\ SCE)$ 电位范围内,每间隔 0.2 V 测试一个电位点,每个电位点稳定 25 min。同步设置气相色谱仪的样品采集为电位变化的前 2 min。记录每一电位点的电流数据以及气相色谱的产物分析结果。

⑧采用下式对相应产物的法拉第效率进行计算。

$$N_i = \frac{PV_i}{RT} = \frac{101.325 \times V_i}{8.3145 \times T} \quad i = CH_4, CO, C_2H_6, C_2H_4, H_2 \quad (4.20)$$

$$FE_i = \frac{\alpha \cdot N_i \cdot F}{Q} = \frac{\alpha_i \times 101\ 325 \times V_i}{I \times 8.3145 \times T \times t} \quad i = CH_4, CO, C_2H_6, C_2H_4, H_2 \quad (4.21)$$

其中,α 为电子转移数目,N_i 为目标产物摩尔量,法拉第常数 F 为 96 500 $C\cdot mol^{-1}$,Q 为消耗的总电荷量,V_i 为反应产生的气体换算成标况下的体积。

(2)Sn 箔电极表面 CO_2RR 电化学测试与液相产物分析

①剪裁一块 0.5 cm × 4 cm 大小的 Sn 箔,后将其依次放入丙酮溶液超声处理 20 min,以除去 Sn 箔表面的杂质。再用去离子水清洗 Sn 箔表面的丙酮。最后将 Sn 箔放入无水乙醇中备用。经预处理后的铜箔用去离子水冲洗干净,留出 1 cm^2 的有效面积,剩余部分 Sn 箔用四氟乙烯膜缠住,将缠好的 Sn 箔装上电极夹并将连接处也用四氟膜密封,避免与电解液接触。

②CO_2RR 反应器组装与(1)部分的方法相同,不同之处仅是将 Cu 箔更换为 Sn 箔,将用于气相产物分析 100 mL 的反应器更换为容积仅为 25 mL 的 H 型反应器。

③为了测定 CO_2RR 的液相产物,首先通过电化学工作站在指定电位($-1.5\ V$,$-1.6\ V$,$-1.7\ V$ vs. SCE)恒压反应 4 h。随后,用移液枪量取 5 mL 阴极室电解液,加入核磁级 D_2O 预饱和,加入无水 DMSO 作为内标物。其中,D_2O 和 DMSO 溶液两者共 500 μL,$V_{D_2O}:V_{DMSO}=400:1$。将溶液混匀后,取混合溶液 500 μL,加入核磁管中(使用后的核磁管应用丙酮和去离子水分别超声清洗 30 min 后烘干,烘干后的核磁管不应有水渍,每次测试前使用丝绸或无尘纸将核磁管擦净,防止留下指纹和油脂影响测试),使用 Bruker AVANCE Ⅲ 500 型核磁共振波谱仪进行一维 H 谱测试,为了避免水峰的影响,引入压水峰的脉冲序列。

进一步采用式(4.22),进行对相应产物的法拉第效率进行计算。

$$FE_i = \frac{\alpha \cdot c_i \cdot V \cdot F}{Q} \quad i = \mathrm{HCOOH}, \mathrm{C_2H_5OH} \tag{4.22}$$

其中，c_i 为液相核磁测试得出的不同产物的浓度，V 为阴极室电解液体积(25 mL)，Q 为消耗的总电荷量，由电化学工作站记录反应过程中的 I-t 曲线积分得出。

五、思考题

(1) H 型电解池在 CO_2RR 研究中的优缺点是什么？
(2) Cu 箔和 Sn 箔表面的 CO_2RR 产物分布与还原电位有什么样的联系？
(3) CO_2RR 制备甲酸盐的可能机理是什么？

4.4 直接甲醇燃料电池综合实验

一、实验目的

(1) 掌握直接甲醇燃料电池(DMFC)的基本原理、膜电极组件、单电池结构与活性测试方法。
(2) 掌握 DMFC 单电池性能的实验解析方法。
(3) 掌握 DMFC 甲醇渗透的原位测试方法。

二、实验原理

直接甲醇燃料电池(Direct Methanol Fuel Cell，DMFC)是将燃料甲醇中的化学能直接转化为电能的一种电化学反应装置。DMFC 由于具有理论能量密度高、系统结构简单、携带方便等优点，在国防、通讯、家用电器、传感器件等诸多领域具有广阔的应用前景。

DMFC 的工作原理如图 4-8 所示。阳极的甲醇水溶液在电催化剂的作用下发生电化学氧化反应，生成质子、电子和 CO_2，其中，CO_2 从阳极出口排出，质子经电解质膜传递到阴极，电子则经外电路(电子负载)对外做电功后进入阴极。阴极中的氧气在电催化剂的作用下，与由阳极迁移至阴极的质子和电子发生电化学还原反应生成水。DMFC 的半电池反应和电池总反应式如下：

阳极反应： $\mathrm{CH_3OH + H_2O \rightarrow CO_2 + 6H^+ + 6e^-} \quad E_a = 0.016 \text{ V} \tag{4.23}$

阴极反应： $\mathrm{3/2O_2 + 6H^+ + 6e^- \rightarrow 3H_2O} \quad E_c = 1.229 \text{ V} \tag{4.24}$

总反应： $\mathrm{CH_3OH + 3/2O_2 \rightarrow CO_2 + 2H_2O} \quad E = 1.213 \text{ V} \tag{4.25}$

就 DMFC 技术本身而言，目前仍存在许多问题亟待解决。譬如，低温下甲醇电化学氧化反应的动力学过程较慢，采用 Nafion® 膜作为电解质时所存在的甲醇渗透，以及维持系统稳定运行所涉及的水/热管理等问题。因此，开展 DMFC 单电池性能解析，以区分阴、阳极及电解质膜对 DMFC 单电池性能的贡献；原位测量 DMFC 的甲醇渗透通量，探究甲醇渗透对 DMFC 活性的影响，已成为 DMFC 电催化材料研发与电极结构优化的关键。

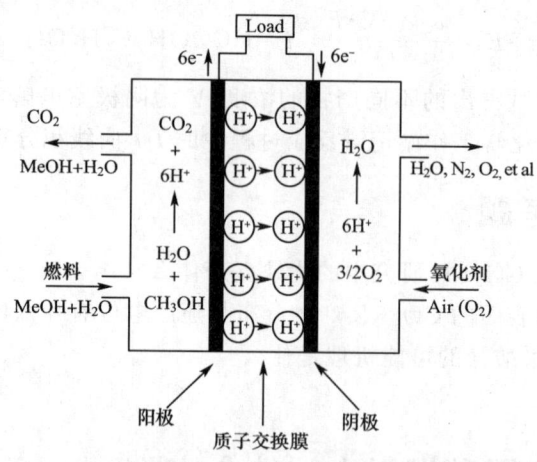

图 4-8 DMFC 工作原理示意图

(1) DMFC 膜电极与极化

与 PEMFC 相似,DMFC 的膜电极(MEA)由阳极、阴极和聚合物电解质膜构成,阴、阳极通常又包括扩散层、催化层。DMFC 阴、阳极与电解质膜对单电池极化性能的贡献如图 4-9 所示。可见,DMFC 的极化损失主要包括阴、阳极电化学反应的动力学极化损失、甲醇渗透引起的极化损失、电极欧姆电阻引起的电压降和物质传递极化损失四部分。

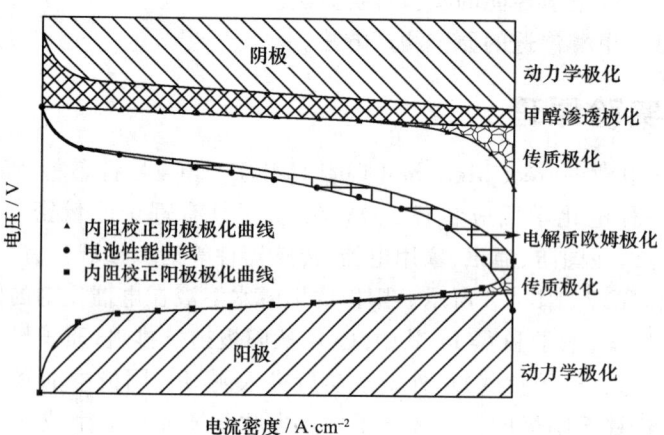

图 4-9 DMFC 的单电池性能以及阴、阳极与电解质等因素引起的极化损失

DMFC 的阳极极化性能可通过甲醇/H_2 单电池极化测试,由式(4.26)计算获取。其中,I 和 V_{AP} 为甲醇/H_2 单电池的极化电流与电压,R_{Me/H_2} 为甲醇/H_2 单电池的内阻。

$$V_{IR,AP} = V_{AP} - I \cdot R_{Me/H_2} \tag{4.26}$$

电池的阴极极化电位 $V_{IR,CP}$,可以通过内阻校正的电池电压 $V_{IR\,corrected}$ 与阳极极化电位 $V_{IR,AP}$ 加和得到[式(4.27)]。

$$V_{IR,CP} = V_{IR,AP} + V_{IR\,corrected} \tag{4.27}$$

其中,$V_{IR\,corrected}$ 可通过甲醇/Air 单电池的极化测试,由式(4.28)计算得到。此时,I 和 V 分别为甲醇/Air 单电池的极化电流与电压。$R_{Me/Air}$ 为甲醇/Air 单电池的内阻

$$V_{IR\,corrected} = V + I \cdot R_{Me/Air} \tag{4.28}$$

(2) DMFC 膜电极的甲醇渗透

在 DMFC 的膜电极中,从阳极渗透到阴极的甲醇,会直接与阴极氧气发生化学/电化学反应,在阴极引起混合电位。甲醇渗透通量可由甲醇渗透的电流密度表示,其原位测试分三步进行。

首先,测试甲醇/H_2 电池[图 4-10(a)]的极限电流密度 $J_{lim,b}$,若已知扩散层厚度 L_{diff},可获取甲醇在阳极扩散层的扩散系数 D_{diff}。C_0 为体相甲醇浓度。

$$J_{lim,b} = D_{diff} C_0 / L_{diff} \quad (4.29)$$

然后,测试甲醇/N_2 电池[图 4-10(b)]获取开路条件下 MEA 的甲醇渗透电流密度 $J_{lim,c}$。此时,D_{mem} 和 L_{mem} 为甲醇在电解质膜中的扩散系数与电解质膜厚度。

$$J_{lim,c} = D_{mem} C_0 / L_{mem} \quad (4.30)$$

最后,在 DMFC 放电情况下[甲醇/Air 电池,图 4-10(b)],电解质膜中的甲醇渗透通量取决于电解质膜阳极侧的表面浓度 C_s。此时,DMFC 放电电流密度为 J_x,甲醇渗透电流密度 J_{cross} 可以表达分别如式(4.31)和式(4.32)所示。

$$J_x = D_{diff}(C_0 - C_s)/L_{diff} \quad (4.31)$$

$$J_{cross} = D_{mem} C_s / L_{mem} \quad (4.32)$$

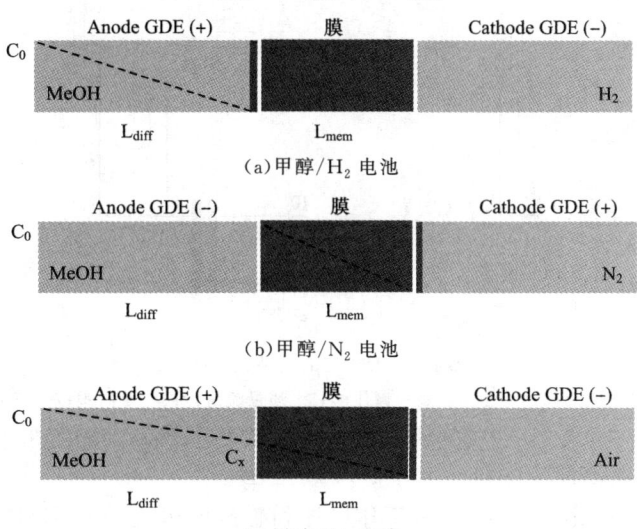

图 4-10 DMFC 甲醇渗透通量在线分析单电池测试策略

对比式(4.31)~(4.32),去除表面浓度 C_s 的影响,即可获取在任一电流密度 J_x 点下甲醇渗透电流密度 J_{cross},如式(4.33)所示。

$$J_{cross} = J_{lim,c}(1 - J_x / J_{lim,b}) \quad (4.33)$$

三、实验仪器与试剂

DMFC 单电池测试平台;Zenium 电化学工作站;高压恒流泵 P230;质量流量控制器;高压 H_2、O_2 和 N_2 气体;0.5 mol·L^{-1}甲醇水溶液。

DMFC 单电池;膜电极[阳极催化剂为 PtRu 催化剂(Johnson Matthey HiSpec 6 000,Pt:Ru=1:1],担载量为 6.5±0.2 mg PtRu/cm^2,Nafion® 含量为 15 wt.%。阴极催

化剂为 Pt/C (Johnson Matthey HiSpec 9 100,60wt.%),担载量为 1.6 ± 0.1 mg Pt/cm^2,Nafion$^®$ 含量为 15 wt.%。将刷涂催化层的 GDE 置于 Nafion$^®$ 115 膜两侧,构成 MEA。)

四、实验步骤

(1)DMFC 单电池的组装

①将 DMFC 的 MEA 置于两个具有蛇形流场的极板间,组装单电池。将单电池应用如图 4-11 所述的测试平台。

②采用高压恒流泵将甲醇水溶液泵入阳极室(PtRu/C 催化剂侧),未反应的甲醇废液经冷凝后回收,甲醇浓度为 0.5 mol·L^{-1},流速为 1 mL·min^{-1}。在 DMFC 的另一侧(Pt/C 催化剂侧),高压气瓶中的 H$_2$、N$_2$ 或 Air 分别由质量流量计控制流量,经增湿罐通入电池。增湿罐出口到电池之间的管路由加热带保温,其设定温度为 75 ℃,略高于增湿罐温度(70 ℃);未反应的阴极气体与产物通入大气中。电池操作温度设定为 80 ℃,是通过调节固定在端板外侧的加热片加热来实现的。

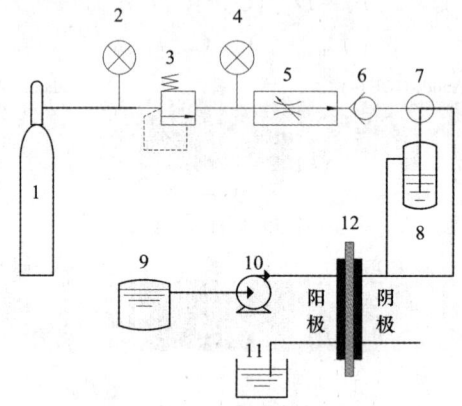

图 4-11 DMFC 评价装置示意图

1—空气气瓶;2、4—压力表;3—减压阀;5—质量流量计;6—单向阀;7—三通阀;
8—增湿罐;9—甲醇贮罐;10—恒流泵;11—甲醇回收罐;12—DMFC 单电池

(2)DMFC 单电池性能测试——甲醇/Air 电池

打开 Zennium 电化学工作站,将工作电池和感测电极连接在 DMFC 阳极(甲醇阳极侧),对电极和参比电极连接到 DMFC 阴极(增湿 Air 电极测),Air 压力为 0.1 MPa,流速为 40 mL·min^{-1}。应用动电位扫描记录从开路电位到 0.3 V 的 DMFC 电压(V)和电流值(I),电位扫描速率为 1 mV/s。在 DMFC 开路,应用 10 mV 振幅,在 $10^{-1} \sim 10^5$ Hz 的频率范围测试 EIS。取 Nquist 图中高频阻抗与实轴的交点,作为甲醇/空气电池的内阻 $R_{Me/Air}$,计算获取内阻校正的 DMFC 电池性能。

(3)DMFC 阳极极化测试——甲醇/H$_2$ 电池

将工作电池和感测电极连接在 DMFC 阳极(甲醇阳极侧),对电极和参比电极连接到 DMFC 阴极(增湿 H$_2$ 电极测),H$_2$ 压力为 0.1 MPa,流速为 50 mL·min^{-1}。同样,对甲醇/H$_2$ 单电池进行线性扫描(LSV),在开路至 0.65 V 测定阳极极化曲线,同时获取阳极极限电流密度。LSV 的扫描速率为 1.0 mV·s^{-1}。同样在开路应用 10 mV 振幅,在

$10^5 \sim 10^{-1}$ Hz 的频率范围测试 EIS。取 Nquist 图中高频阻抗与实轴的交点作为甲醇/空气电池的内阻 R_{Me/H_2}。计算获取内阻校正的阳极极化性能,同时得到甲醇/H_2 电池的极限电流密度 $J_{lim,b}$。进一步计算获取内阻校正的阴极极化曲线。

(4)甲醇渗透电流的原位测试

改变电化学工作站电极的连接方式,将电池阳极通入甲醇水溶液作为对电极和参比电极;将 DMFC 阴极通入增湿的高纯 N_2 作为工作电极并连接感测电极,此时,N_2 压力 0.1 MPa,流速为 50 mL·min^{-1}。通过线性电位扫描方法提高甲醇/N_2 电池 N_2 侧的电位至所有渗透到对电极的甲醇可以被完全氧化,形成极限电流密度 $J_{lim,c}$,此时扫描速率为 1 mV·s^{-1}。进一步计算获取不同电流密度条件下的甲醇渗透电流密度 J_{cross}。

五、思考题

(1)DMFC 的阳极极化、阴极极化以及电解质电阻的欧姆极化,对单电池性能的贡献是如何随电流密度变化的。

(2)甲醇渗透是如何影响 DMFC 活性的。

(3)能够提高 DMFC 活性的方法有哪些。举例说明。

4.5 液流储能电池综合实验

一、实验目的

(1)掌握全钒液流储能电池(VRB)的单电池结构、组装与测试方法。
(2)掌握全钒液流电池的性能计算及分析方法。
(3)掌握电化学充放电仪的连接与设置方法。

二、实验原理

全钒液流电池是通过电极表面不同价态钒离子的氧化还原反应,实现化学能和电能的相互转化,完成电能的存储和释放的电化学反应装置,工作原理如图 4-12 所示,其正极采用 VO^{2+}/VO_2^+ 电对,负极采用 V^{3+}/V^{2+} 电对,支持电解质为硫酸溶液。

VRB 正、负极反应的标准电位分别为 +1.004 V 和 −0.255 V,所以 VRB 电池的标准开路电压约为 1.259 V。根据电池的充放电状态和电解液的浓度,电解液溶液中钒离子的存在形式会产生一些变化,从而对电池正极电对的标准电极电位产生一些影响,故实际使用时全钒液流电池的开路电压一般在 1.5~1.6 V。其电极及全电池反应如下:

正极反应: $\qquad VO^{2+} + H_2O - e^- \rightarrow VO_2^+ + 2H^+ \qquad$ (4.34)

负极反应: $\qquad V^{3+} + e^- \rightarrow V^{2+} \qquad$ (4.35)

电池总反应: $\qquad VO^{2+} + V^{3+} + H_2O \rightarrow VO_2^+ + V^{2+} + 2H^+ \qquad$ (4.36)

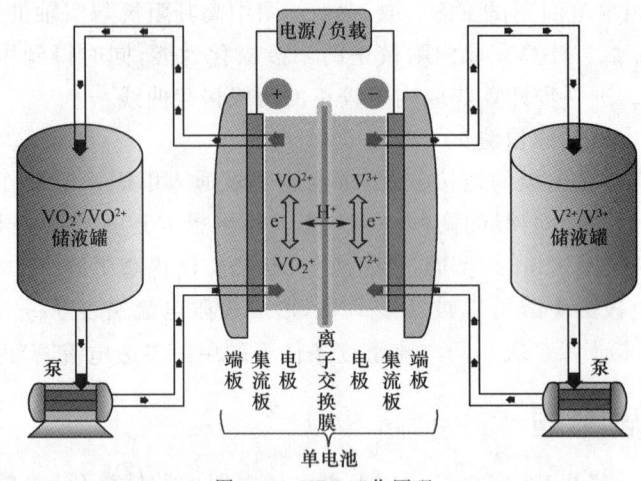

图 4-12 VRB 工作原理

三、实验仪器与试剂

实验所需仪器包括：自制 VRB 单电池；VRB 测试平台；Arbin(5V、20A、8 通道)或新威(5V、20A、8 通道)；10R 磁力泵；体积为 100 mL 或 250 mL 的蓝盖玻璃瓶，盖上设有连接管路的补料瓶盖接头。

VRB 单电池结构如图 4-13 所示，单电池配件包括：1 片离子交换膜；2 块电极；2 块电极框；2 块双极板；2 块集流板；2 块均带有液体进口和出口的端板；2 块绝缘垫；4 块密封垫(分别密封离子交换膜与电极框和双极板与电极框)；8 根螺栓，8 个螺母；4 个 O 型圈(用于双极板与集流板之间的公用流道口处密封)；4 个接头。

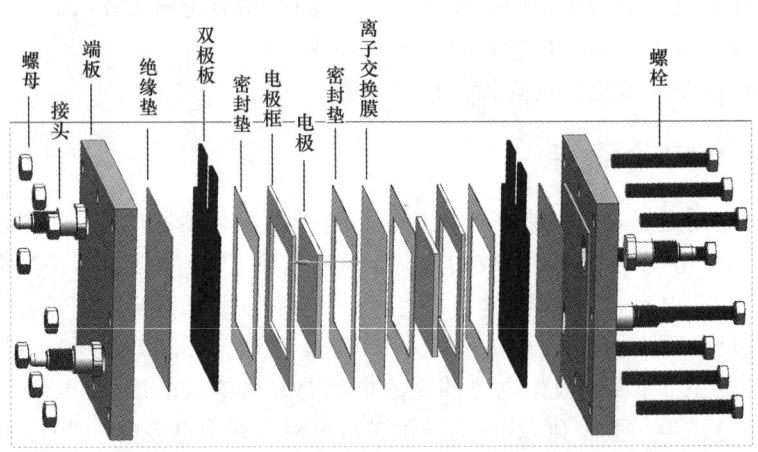

图 4-13 VRB 单电池组成示意图

四、实验步骤

(1) VRB 单电池的组装

① 配件及电极材料的选择和处理

在组装单电池时，必须要对组装电池的配件以及电极材料进行选择和预处理。单电池的组装对部件及材料的要求为：

　　a. 端板不仅要有较强的耐腐蚀性以及抗压强度，更要有较高的平整度。

　　b. 硅胶垫要有较强的耐腐蚀能力，且具有一定的压缩性。

　　c. 铜集流板表面必须平整，表面需要抛光打磨并镀金，且具有强导电性。

　　d. 石墨或碳塑集流板表面必须平整，且具有一定的抗压强度。

　　e. 碳毡厚薄必须均匀、表面平整，并切割成大小合适的尺寸，且有较好的电极反应活性。

　　f. 质子交换膜表面不能有破损。

② VRB 单电池组装

单电池按照如下步骤组装：

　　a. 将一极侧的端板接头嵌入到端板中，再将端板放到安装台上，并保证端板的平稳。

　　b. 依次将集流板（硬石墨板或碳塑复合板＋铜板，需要注意的是集流板的突出部分一定要向上）、密封垫、电极框（内部含有碳毡）、密封垫对齐放置在端板平台上，流道孔要保证畅通；另一极侧也按照上述方法进行组装。

　　c. 向组装好的一极侧平铺上裁剪好的交换膜，并将组装好的另一极侧对齐盖在交换膜上（图 4-14）。

图 4-14　组装过程中的 VRB 单电池

　　d. 穿入螺杆，装上螺母，并用扭矩扳手以 8 N·m 的组装力上紧螺母。组装后的 VRB 单电池如图 4-15 所示。

图 4-15　组装后的 VRB 单电池

③ VRB 单电池管路及电路的连接

VRB 单电池评价液体管路按照如下方式连接：

　　a. 将单电池放置好，在开电池前将电池内的水用空气吹出，一方面检查电池是否内漏或者流道堵塞，另一方面保证实验时电解液的浓度。

b. 将3.5 L电解质溶液加入电解液储罐中,在一般情况下,对于电极面积为48 cm^{2}的单电池,加入每极侧储罐中电解质溶液的体积为60～65 mL。

c. 磁力泵的吸入口处的磁力泵接头与磁力泵通过螺纹相连,压帽与磁力泵接头通过螺纹连接,螺纹处可适当使用四氟带密封。

d. 外径为7.5 mm的PTFE管一端插至电解液储罐底部,并保证电解液吸入端没于电解液液面之下,另一端插入磁力泵吸入口处的压帽中。

e. 磁力泵出口处的磁力泵接头、压帽的连接方式以及内部构成与磁力泵入口处相同。

f. 从磁力泵出口处的压帽中引出PTFE管,另一端接单电池的电解液入口处,即与端板接头通过螺纹连接的压帽中,需要注意的是,对于单电池,电解液的流动方向是自下而上,也就是说电解液的入口端为单电池下部的接头,出口端为电解液上部的接头。

g. 单电池电解液的出口端通过压帽并经过PTFE管与电解液储罐相连,与电解液储罐相连的一端只需刚刚插入电解质溶液储罐即可,将储罐置于恒温水浴中。

h. 用吸耳球从单电池出口处将电解质溶液吸入到10R磁力泵中,并点击磁力泵所用插线板的电源开关以排净磁力泵中的空气,待空气排净后,将插线板电源开关按下。

i. 保持电解质溶液流动一段时间,待确保单电池及液体管路没有漏液情况发生时,再进行电路上的连接。图4-16为单电池常规管路连接方式的示意图。

单电池评价电路按照如下方式连接:

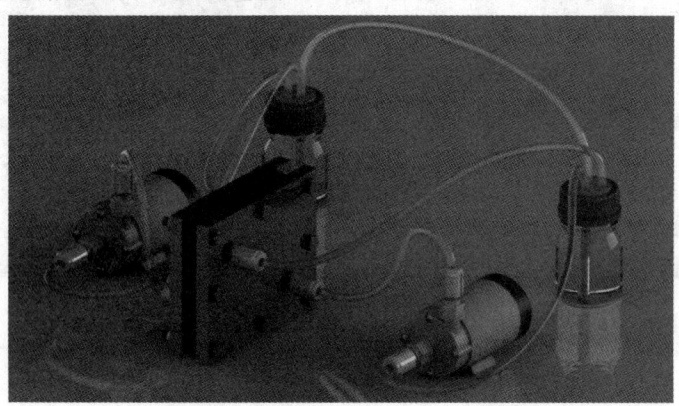

图4-16 VRB单电池管路连接示意图

电解液管路连接好后,只需将小型充放电仪正极的电流电压线接到单电池的正极端,负极的电流电压线接到单电池的负极端。一般,红色(粗)为正极电流线,红色(细)为正极电压线,黑色(粗)为正极电流线,黑色(细)为正极电压线;单电池的正负极端通过电解液的状态决定,电解液储罐中含有高价钒溶液的为正极侧,含有低价钒溶液的为负极侧,若两侧电解液价态相同则不分正负极。

(2) VRB单电池评价

在将单电池的液体管路以及电路连接好后,按照如下步骤对单电池进行评价:

①编写充放电控制程序(图4-17),通常设定的操作条件为在80 mA/cm^{2}电流密度下进行恒流充放电,充电上限电压设置为1.55 V,放电下限电压设置为1.0 V;单电池测试前点击"单点启动",按照实验需求设定好充放电循环的工步参数,在备注中标明实验样品的名称等信息,设置完成后单击确定即可开始测试。寿命测试时,当单电池容量衰减

20%时应及时更换电解液以避免电池材料受损。

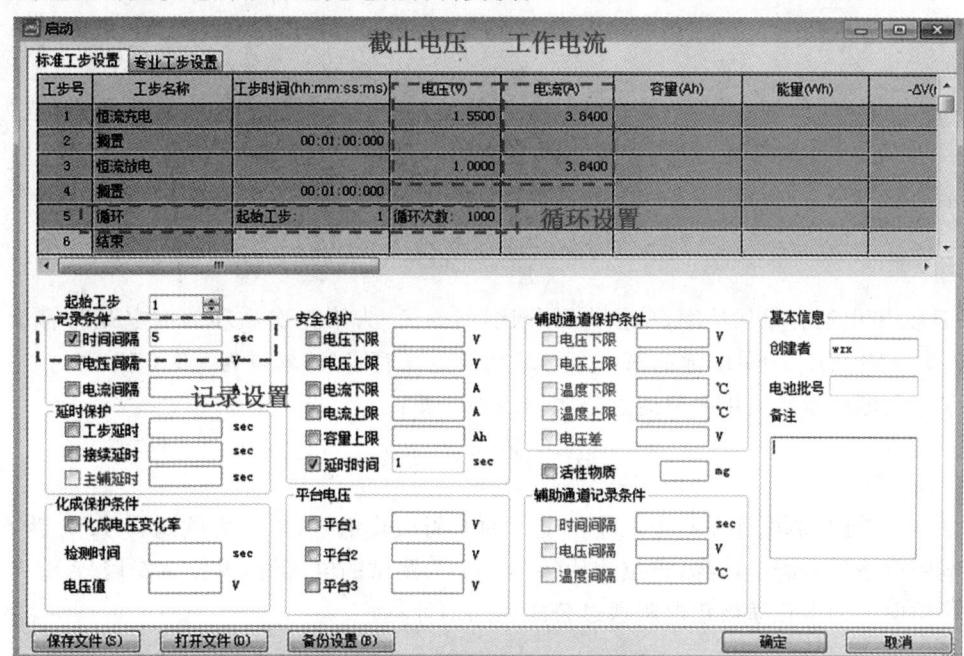

图 4-17　VRB 单电池充放电参数设置

② 开启磁力泵及充放电仪对电池进行充放电循环。磁力泵刚开始循环时,内部可能存有少量空气,需要将空气排空。重复关闭－开启磁力泵所用插线板的电源开关,以排净磁力泵中的空气,待空气排净后,将插线板电源开关按下。

③ 测试关键材料特性时,对于每个样品应组装不低于 2 个单电池以验证平行性,若 2 个单电池性能差异较大,则应组装第 3 个,依次类推(一般不超过 5 个)。若材料均一且稳定,单电池初始性能一般测试 200 次循环即可,寿命测试应持续 2 000 次循环。控制评价时的电解液温度在 25～37 ℃之间。

(3) 实验数据分析

① 单电池库伦效率按式(4.37)计算:

$$\eta_C = \frac{\overline{A_d}}{\overline{A_c}} \times 100\% \tag{4.37}$$

式中:η_C 为 VRB 单电池库伦效率,单位为百分比;$\overline{A_d}$ 为第 2～6 个循环的放电平均安时容量,单位为安时(Ah);$\overline{A_c}$ 为单电池第 2～6 个循环的充电平均安时容量,单位为安时(Ah)。

② 单电池能量效率按式(4.38)计算:

$$\eta_E = \frac{\overline{E_d}}{\overline{E_c}} \times 100\% \tag{4.38}$$

式中:η_E 为 VRB 单电池能量效率,单位为百分比;$\overline{E_d}$ 为第 2～6 个循环的放电平均瓦时容量,单位为瓦时;$\overline{E_c}$ 为第 2～6 个循环的充电平均瓦时容量,单位为瓦时(Wh)。

③单电池电压效率按式(4.39)计算：

$$\eta_V = \frac{\eta_E}{\eta_C} \times 100\% \tag{4.39}$$

式中：η_V 为 VRB 单电池电压效率，单位为百分比(%)；η_E 为单电池能量效率，单位为百分比(%)；η_C 单电池库伦效率，单位为百分比(%)。

④单电池容量保持率按式(4.40)计算：

$$R = \frac{E_n}{E_1} \times 100\% \tag{4.40}$$

式中：R 为单电池容量保持率，单位为百分比(%)；E_n 为第 n 次循环的放电瓦时容量，单位为瓦时(Wh)；E_1 为单电池的第 1 个循环的放电瓦时容量，单位为瓦时(Wh)。

⑤单电池的欧姆极化电阻通过公式(4.41)计算：

$$R_\infty = \frac{V_r}{I} \times 100\% \tag{4.41}$$

式中：R_∞ 为 VBR 单电池在指定电流密度下的欧姆极化电阻，单位为欧姆(Ω)；V_r 为在一定电流密度下的欧姆电压降，单位为伏特(V)；I 为测试的电流值，单位为安培(A)。

⑥单电池的电化学极化电阻通过公式(4.42)计算：

$$R_{ct} = \frac{V_a}{I} \times 100\% \tag{4.42}$$

式中：R_{ct} 为 VBR 单电池在一定电流密度下的电化学极化电阻，单位为欧姆(Ω)；V_a 为在一定电流密度下电化学极化电阻引起的电压降，单位为伏特(V)；I 为测试的电流值，单位为安培(A)。

其中，式(4.41)、式(4.42)中的 V_r 和 V_a 的测试方法如图 4-18 所示。

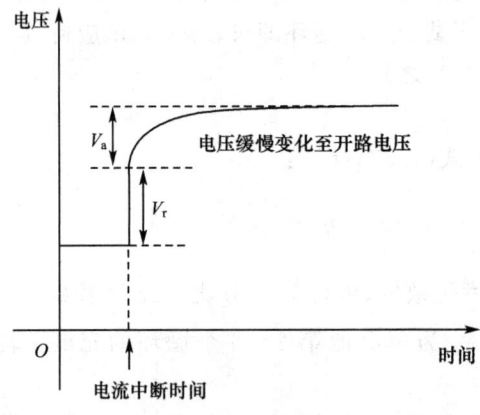

图 4-18　VRB 单电池电流中断后电压随时间变化

五、思考题

(1)影响 VRB 电池性能高低的因素有哪些，如何进一步提高电池的能量效率。
(2)如何进一步组装多节 VRB 电池，结构上应如何设计。

4.6 大学生 Chem-E-Car 竞赛综合实验

一、实验目的

(1) 掌握金属空气电池的制作工艺。
(2) 掌握金属空气电池电堆的设计、制备、装配以及性能测试方法。
(3) 掌握碘钟反应的基本原理。
(4) 掌握应用碘钟反应实现精准计时的方法。
(5) 掌握齿轮传动原理以及 Chem-E-Car 车体的安装方法。
(6) 了解 Chem-E-Car 的运行原理及竞赛前预实验方法,能够根据比赛要求正确配置溶液。

二、实验背景与原理

(1) 实验背景

Chem-E-Car 竞赛可以提升化学工程专业大学生研究创新以及学以致用的能力,提高化学工程师及化学工程专业在社会上的影响力和关注度,在 20 世纪 90 年代,由美国化学工程师协会(AICHE)组织开展了这项国际性运用化学工程技能的实验竞赛。2017年,天津大学成功举办了第一届中国大学生 Chem-E-Car 竞赛,将这项赛事成功引入我国。

Chem-E-Car 竞赛要求参赛队伍自行设计制作以化学反应为动力并实现启停控制的小车,并能以赛场给定负载质量与行驶距离为依据控制小车的运行速率、方向及行驶距离,距离终点最近的小车获胜。该项实验比赛极具挑战性和趣味性(图 4-19),能够激发学生学习化工专业知识的兴趣和动力,锻炼学生的创新实践能力。同时,Chem-E-Car 竞赛内容涉及化学与化工、机械、电子、材料、工业设计等多学科知识与技能,对于提高学生解决复杂问题的能力、创新创业能力、培养团队合作精神以及跨领域学习及交流的能力具有重要意义。

图 4-19 大连理工大学 Chem-E-Car 竞赛团队 2020 年"化工车"设计灵感源于《机器人总动员》中积极乐观、身体坚固可靠的机器人-瓦力

(2)实验原理

①金属空气燃料电池的工作原理：

Chem-E-Car 的动力源多采用金属空气燃料电池。最常见的有锌空气电池、铝空气电池和镁空气电池。以锌空气电池为例，其工作原理如图 4-20 所示，阴、阳极和总反应如式(4.43)~式(4.45)所示。

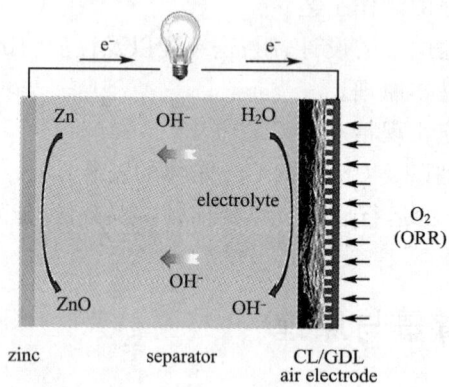

图 4-20 锌空气电池工作原理

阳极反应： $Zn + 4OH^- \rightleftharpoons Zn(OH)_4^{2-} + 2e^-$ (4.43)

阴极反应： $O_2 + 2H_2O + 4e^- = 4OH^-$ (4.44)

总反应： $2Zn + 4OH^- + O_2 + 2H_2O \rightleftharpoons 2Zn(OH)_4^{2-}$ (4.45)

锌空气电池一般由阳极、阴极和电解质三部分构成。其中，Zn 箔为阳极、疏水的碳载 MnO_2 为阴极，氢氧化钾为电解质。在阳极，Zn 被氧化为 Zn^{2+}，进入碱性电解液形成 $Zn(OH)_4^{2-}$，电子通过外电路做功后到达阴极；在阴极，空气中的氧气、水与电子发生电还原反应生成 OH^-。

②碘钟反应原理

Chem-E-Car 一般采用碘钟反应控制车体启停，常用的单变色过硫酸盐型碘钟反应的反应原理如式（4.46)和式（4.47)所示。

$$S_2O_8^{2-} + 2I^- \rightarrow 2SO_4^{2-} + I_2 （慢反应）\quad (4.46)$$

$$2S_2O_3^{2-} + I_2 \rightarrow S_4O_6^{2-} + 2I^- （快反应） \quad (4.47)$$

应用碘钟反应控制 Chem-E-Car 启停的具体细节如下：首先，向碘钟反应器中加入一定量的 $Na_2S_2O_3$、淀粉、KI 与去离子水混合混匀，此时溶液呈无色透明状。随后，向体系中加入 $Na_2S_2O_8$，混合溶液中的 I^- 会被氧化成 I_2。若形成的 I_2 能被 $Na_2S_2O_3$ 进一步还原成 I^-，溶液仍会保持无色透明；但若 I_2 未被还原，I_2 将与淀粉呈现蓝紫色。

设计一束单色光通过碘钟反应器，并以光敏电阻接收，单片机巡检感知其信号变化。在感知到溶液颜色变化后，光敏电阻电平升高，单片机会通过继电器断开电机与动力电池的连接，控制小车停下。Chem-E-Car 碘钟反应的控制变量可选 $Na_2S_2O_3$ 浓度，竞赛中常通过改变 $Na_2S_2O_3$ 浓度控制小车的行驶时间。

③车体传动原理

Chem-E-Car 传动系统的常用结构如图 4-21 所示，一般由车轮轴承齿轮结构与电机啮合形成。其中,电机一般通过电机座固定在底盘上。

图4-21　Chem-E-Car齿轮传动系统

④Chem-E-Car定速、定时、定距原理

一般而言,Chem-E-Car的车速(电机转速)与金属空气电池的恒压性能密切相关,受车体载重影响显著。为此,对于不同车体负载,可在线获取电机的电压-转速曲线。进一步在已知车速的前提下,可根据行驶距离估算行驶时间。竞赛过程中,可通过选配 $Na_2S_2O_3$ 浓度,实现碘钟反应的变色时间,尽量接近估算时间。

然而,Chem-E-Car的电池在启动时的阶跃脉冲与稳定运行时的性能衰减,会使Chem-E-Car的车速估计存在不可避免的误差。这使得Chem-E-Car竞赛增加了许多不确定性。

三、实验内容

Chem-E-Car综合实验由以下6个实验模块构成,可通过线上虚拟仿真实验和线下实验两种模式进行学习。

①金属空气电池阴极气体扩散电极的制备。

②金属空气电池的制备、装配以及电池性能测试。

③碘钟反应溶液配制。

④Chem-E-Car车体组装。

⑤控制变量拟合。

⑥Chem-E-Car竞赛试车。

(1)线上虚拟仿真实验

Chem-E-Car的虚拟仿真实验依托Moolsnet平台设计开发,可通过下载Moolsnet APP,在综合实验研究项目组内找到上述①~⑥部分所有虚拟仿真实验内容。学生可通过练习模式熟悉仿真操作,并通过考试模式完成虚拟仿真实验课程。

(2)线下实验内容

Chem-E-Car的线下实验内容涵盖①~⑥全部实验内容,具体实验步骤见第五部分。

四、实验试剂及仪器

实验所需仪器包括:分析天平(型号:sartorius BSA224S,厂家:赛多利斯科学仪器

(北京)有限公司,精度 Max＝220 g,d＝0.1 mg);超声清洗机(型号 KQ-50E,厂家:昆山市超声仪器有限公司);可控温辊压机(型号:MSK-HRP-02,厂家:合肥科晶材料技术有限公司);集热式恒温加热磁力搅拌器(型号:DF-101S,厂家:上海东玺制冷仪器设备有限公司);箱式电阻炉(型号:SX2-4-10N,厂家:上海一恒科学仪器有限公司);鼓风干燥箱(型号:DHG-9070A,厂家:上海精宏实验设备有限公司);电化学工作站(型号:Solarton 1280B,厂家:solarton analytical);磁力搅拌器(型号:MS-PB,厂家:大龙兴创实验仪器(北京)股份公司);单片机以及车体各部件及组装工具和实验室常见的化学仪器(自制恒温箱;制冷和加热循环槽(型号:MP-10C,温度范围:−10～100 ℃,厂家:上海一恒科学仪器有限公司);蠕动泵(型号:kamoer NKCP-S02B,厂家:卡川儿流体(上海)有限公司);数字多用表(型号:VICTOR VC890C$^+$,厂家:深圳市驿生胜利科技有限公司);移液枪(型号:Dragon TopPette Pipettor,厂家:大龙兴创实验仪器(北京)股份公司,量程:20～200 μL、100～1 000 μL、1 000～5 000 μL);电子调温电热套(型号:98-1-B,厂家:天津市泰斯特仪器有限公司);循环水式多用真空泵(型号:SHZ-D(Ⅲ),厂家:上海瑞兹仪器有限公司)。

实验所需试剂包括:高锰酸钾(AR,含量≥99.0%,天津市科密欧化学试剂有限公司);碳粉(超导炭黑 BP2000);无水乙醇(AR,含量≥99.7%,天津市东丽区天大化学试剂厂);PTFE(60%,兴旺氟涂料(东莞)有限公司);泡沫镍(960 mm×1 mm×长度,昆山市广嘉源电子材料经营部);氢氧化钾(AR,含量≥99.0%,天津市科密欧化学试剂有限公司);去离子水;过硫酸钠(AR,含量≥99.0%,天津市科密欧化学试剂有限公司);碘化钾(AR,含量≥99.0%,天津市科密欧化学试剂有限公司);硫代硫酸钠(AR,含量≥99.0%,天津市科密欧化学试剂有限公司);可溶性淀粉(AR,含量≥99.0%,天津市科密欧化学试剂有限公司)等。

五、线下实验步骤

(1)金属空气电池阴极气体扩散电极(GDE)的制备

乙醇还原法制备碳载 MnO$_2$ 催化剂及 GDE 制备工艺流程如图 4-22 所示。其主要包括 GDE 浆液制备和辊压制备及热处理。

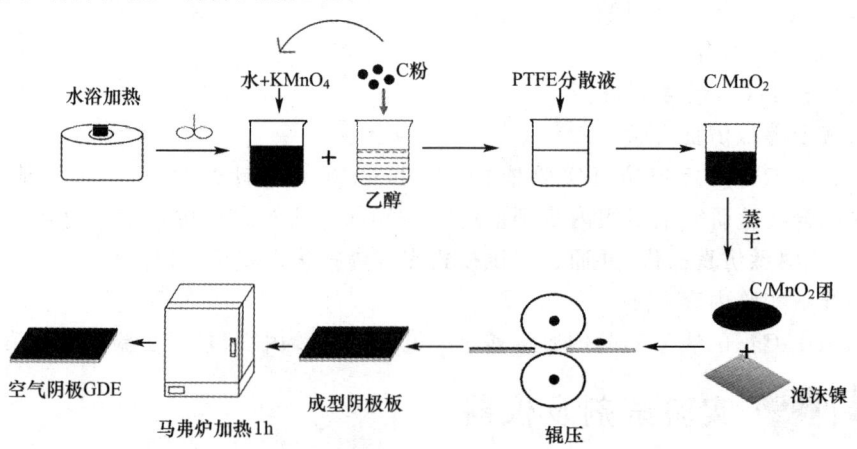

图 4-22 乙醇还原法制备碳载 MnO$_2$ 催化剂及 GDE 制备工艺流程

①气体扩散电极浆液制备

a. 打开水浴锅,设置温度为 60 ℃。称 4.67 g 高锰酸钾于 100 mL 烧杯中,加入 23 mL 去离子水溶解,放于水浴锅中加热,加入磁子搅拌。

b. 取 3 mL 乙醇,以 1~2 滴/s 的速度滴入 a 步骤混合好的高锰酸钾溶液中,继续搅拌 10 min,制备形成 MnO_2。

c. 称量 6 g 碳粉置于 250 mL 烧杯中,加入 60 g 乙醇,用玻璃棒搅拌至均匀后超声分散 5 min。将 b 步骤乙醇还原制备的浆液缓慢倒入其中,边加边用玻璃棒搅拌,进一步将混合物放入 60 ℃ 的恒温水浴中,磁力搅拌 20 min 至混合均匀,形成碳载催化剂浆液。

d. 称取 29.18 g PTFE 分散液(60 wt.%)加入上述催化剂浆液中,用玻璃棒混合均匀。随后将其置于 60 ℃ 的恒温水浴中待乙醇析出,形成软团。最后,将催化剂软团放入烘箱,60 ℃ 烘至净质量三倍(二氧化锰,碳粉,PTFE 净质量)左右取出待用。

②气体扩散电极的辊压制备与热处理

a. 依据电池壳体裁取泡沫镍;依据拟担载的催化剂总量,分别取催化剂软团。调整辊压机滚轮温度为 25 ℃,间距为 0.7 mm,转速为 15 mm·s^{-1}。

b. 把催化剂软团挂涂在泡沫镍上,经辊压机辊压,直至催化剂全部辊压上去。将辊压完成后的电极放入烘箱,设置温度为 80 ℃,恒温 12 h 后取出。

c. 打开马弗炉,用铝箔纸垫底,将烘干电极板单层平放。首先升温至 280 ℃,稳定 30 min,随后升温至 340 ℃,稳定 1 h 后降至室温待用。

(2)金属空气电池的制备、装配以及电池性能测试

①配制 100 mL 7 mol·L^{-1} KOH 水溶液。

②依次将阴极端板、硅胶密封框、阴极 GDE、硅胶密封框、阳极腔体、硅胶密封框、阴极 GDE、硅胶密封框叠放整齐,依据图 4-23 所示结构,用螺栓装备形成 Zn/air 燃料电池单元模块。

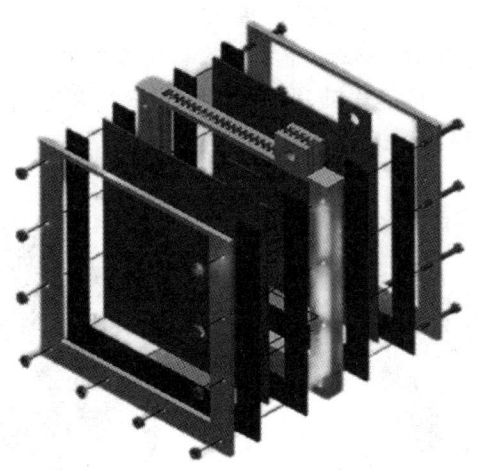

图 4-23 Zn 空气燃料电池的装配图

③用注射器将 30 mL 电解液(7 mol·L^{-1} KOH 溶液)注入 Zn/Air 电池。随后,将锌板与电化学工作站(Solarton 1280B)的工作电极与感测电极相连,将两个阴极 GDE 并联后与电化学工作站的对电极与参比电极相连。

④打开电化学工作站软件 Corrware,首先在 0.1 A 恒电流放电 300 s。然后,在以 2 mV·s^{-1} 的扫描速率,在开路(近 1.5 V)和 0.9 V 之间进行线性扫描。

⑤打开电化学工作站软件 Zplot,采用控制电位模式(Potentiostat Mode),在电池开路以 10 mV 为交流振幅,在 0.1 Hz~20 kHz 的频率范围内测试 Zn/Air 电池的电化学阻抗谱(EIS)。

(3)碘钟反应溶液配制

①称取 5 g 淀粉,加入 100 mL 去离子水溶解形成淀粉糊。将沸腾后的去离子水倒入淀粉糊中至 500 mL,搅拌得到澄清溶液后再煮沸 1~2 min,倒入烧杯并覆盖保鲜膜冷却备用。

②称取 11.9 g 过硫酸钠,置于烧杯中,加入 100 mL 去离子水,搅拌至过硫酸钠全部溶解,将溶液转移至(500 mL)容量瓶中,定容并摇匀。将配置好的过硫酸钠溶液转移至细口瓶中备用。

③称取 4.15 g 碘化钾置于烧杯中,加入适量去离子水,搅拌至碘化钾全部溶解,将溶液转移至(250 mL)容量瓶中,定容并摇匀,将配置好的碘化钾溶液转移至细口瓶中备用。

④称取 0.15 g 硫代硫酸钠置于烧杯中,加入去离子水,搅拌至硫代硫酸钠全部溶解,将溶液转移至(250 mL)容量瓶中,定容并摇匀,将配置好的硫代硫酸钠溶液转移至细口瓶中备用。

(4)Chem-E-Car 车体组装

①首先将联轴器安装在车轮上,轴承安装在轴承座内,轴承座安装在车轴上。然后,将组装好的车轮用联轴器连接,并用螺丝固定车轮。

②将电机安装在车体底盘上,并与主动齿轮连接;安装从动齿轮在后车轴上,并将其和主动齿轮充分啮合,再安装车轮。

③安装控制盒与磁力搅拌器。首先将激光源安装在控制盒背面板,再将光敏电阻安装在正面板上,组装形成内装碘钟反应器(瓶)的控制盒,结构如图 4-24 所示。然后,将组装好的控制盒安装在车体底盘上,底盘下方配置磁力搅拌器。

④安装电路模块。分别将单片机、继电器、稳压模块和干电池安装在电木板上,形成如图 4-25 所示的多层结构,并通过角铁安装在车体底板上。

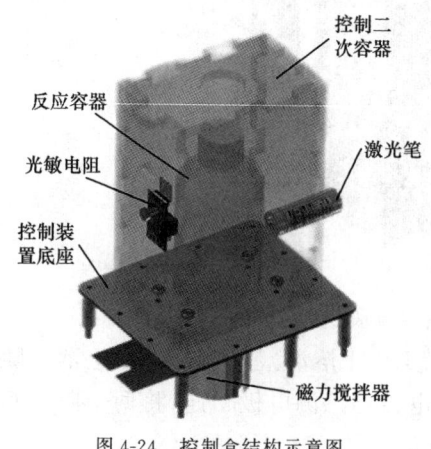

图 4-24 控制盒结构示意图

图 4-25 电路模块结构示意图

⑤安装二次壳体及金属空气电池电堆,如图 4-26 所示。首先,将二次壳体安装在车底盘上,上方放置硅胶垫,其上再放置锌空气电池电堆。

图 4-26　二次壳体与金属空气电池电堆结构示意图

⑥Chem-E-Car 外壳安装

上述①~⑤步安装形成的 Chem-E-Car 核心单元结构如图 4-27 (a)所示。将各个电路元件按既定的走线顺序用导线连接,并用螺丝将角铁安装在底板上;再安装负载瓶,粘贴控制盒盖子,套上车壳,完成组装。Chem-E-Car 车体的最终形象如图 4-27(b)所示。

(a)核心单元结构 　　　　　　　　　　(b)外观形象

图 4-27　Chem-E-Car 车体

(5) 控制变量拟合

①用移液管移取 8 mL 的碘化钾溶液,4 mL 的淀粉溶液,x mL 硫代硫酸钠溶液和 $(12-x)$ mL 去离子水至碘钟反应器(瓶)内,用镊子将磁子放入并塞上橡胶塞。

②用移液管移取 16 mL 过硫酸钠溶液于 50 mL 烧杯内。用 20 mL 注射器吸取 16 mL 过硫酸钠溶液。

③断开 Chem-E-Car 金属空气电池与电机之间的开关,打开磁力搅拌器开关和单片机电源开关。将碘钟反应器(瓶)放在车载二次容器暗室中,插入平衡气压的排气阀门并固定注射器。

④将注射器活塞迅速按压至底部,同时按下计时器开始计时,待反应结束(溶液变色)。记录相应的 x_1、x_2、x_3…的反应时间 t_1、t_2、t_3…。数值拟合获取硫代硫酸钠溶液体积与碘钟反应时间的函数关系。

(6)Chem-E-Car 竞赛试车。

①在负载瓶中加入比赛规定质量的水,将其安装在如图 4-27(a)所示的车体中。

②用砂纸打磨锌板至光亮,插入锌空气电池的壳体内。将锌空气电池的阴、阳极连接。配制 3 mol·L^{-1} 的 NaCl 溶液,将其逐个注射到电池腔体中。

③根据目标行驶时间计算硫代硫酸钠溶液的体积,并装载入注射器内。

④打开磁力搅拌器开关和单片机电源开关,将碘钟反应器(瓶)放在车载二次容器暗室中。盖上顶部盖子,插入平衡气压的针头并固定注射器,调节注射器高度,将小车外壳安装在小车上。

⑤将 Chem-E-Car 车体放在起跑线上,将注射器里面的液体推到底,打开电池与电机之间的开关。

⑥试车完成并记录数据,检查电池状态,清洗玻璃仪器,重新确定方案,修正车辆方向,修复车辆异常现象。

六、思考题

(1)如何进一步提升金属空气电池的性能。除了化学电源,还有哪些化学化工过程可用于 Chem-E-Car 的动力源?

(2)金属空气电池存在电化学析氢的副反应,如何确认 Chem-E-Car 车体运行过程中是否存在因析氢导致的安全问题?

(3)如何解决空气电池启动脉冲导致的速度不稳定?

(4)如何保证小车笔直前行?

(5)除了单变色碘钟反应,还有哪些反应可用于 Chem-E-Car 车体的控制?

(6)Chem-E-Car 车速与负载质量、环境温度存在什么样的联系,如何实现建立他们之间的联系?

4.7 工业循环水系统金属腐蚀在线监、检测技术

一、实验目的

①了解工业循环水系统腐蚀监、检测系统组成,掌握水质指标在线监检测技术原理及方法。

②了解垢下腐蚀基本原理,掌握材料电化学腐蚀的检测技术。

③掌握工业循环冷却水水质评价原理及方法。

二、实验原理

工业冷却水是以天然水(井水、湖水、水库水、河水、海水等)、城市给水(自来水)或工业给水(软化水、冷凝水、除盐水和高纯水)做水源,经过或未经过必要的化学处理的冷却用水。工业冷却水系统可以分为两类:直流冷却水系统和循环冷却水系统。其中,循环冷

却水又可分为敞开式和密闭式循环冷却水系统两类。敞开式(系统循环水与大气直接接触)循环冷却水系统是冷却水通过敞开式蒸发而得到冷却,系统中的冷却水可循环使用,直至被浓缩到一定的浓缩倍数后再行排放的冷却水系统。图4-28是一敞开式循环冷却水系统示意图。

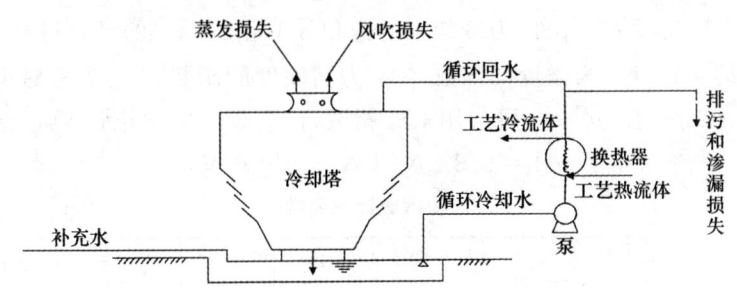

图4-28 典型的敞开式循环冷却水系统组成

在敞开式循环冷却水系统中,冷却水从冷却塔集水池中被泵送入各换热器中进行换热,受热后的冷却水回到冷却塔顶部,由淋水装置喷淋下来,通过与空气对流换热进行冷却后返回冷却塔集水池完成一个循环。循环冷却水系统中,流经换热设备的冷却水携带废热进入凉水塔,并与冷空气相接触。这种冷却方式虽然换热效率较高,但冷凝水的蒸发会使水中含盐量升高,造成生产设备不同程度的结垢与腐蚀。此时,由于腐蚀、垢与微生物三者之间相互影响、相互促进,往往会导致循环冷却水的问题不断恶化,如图4-29所示。因此,从材料和介质的角度评价循环冷却水系统的腐蚀风险,对保障工业生产地稳定运行具有重要意义。

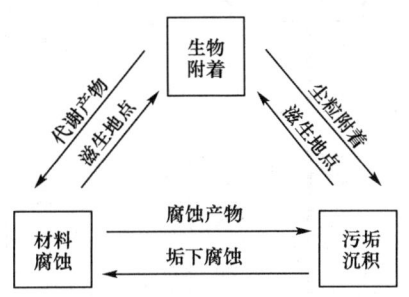

图4-29 循环水系统的三大问题

① 循环冷却水系统中的垢下腐蚀

垢下腐蚀是一种由金属表面沉积物产生的腐蚀,是工业循环冷却水系统常见的一种腐蚀类型。垢下腐蚀中,垢下封闭区金属为阳极,垢外侧的金属为阴极。其阳极的腐蚀反应见式(4.48)及式(4.49)。

阳极反应: $\qquad Fe \Longleftrightarrow Fe^{2+} + 2e^-$ \hfill (4.48)

二价铁水解: $\qquad Fe^{2+} + 2H_2O \Longleftrightarrow Fe(OH)_2 + 2H^+$ \hfill (4.49)

阴极氧还原反应如式(4.50)所示。

阴极反应: $\qquad O_2 + 2H_2O + 4e^- \Longleftrightarrow 4OH^-$ \hfill (4.50)

② 工业循环水水质评价方法

目前,判别水质稳定性的主要方法有:饱和指数法、稳定指数法、测定安定度法、极限碳酸盐硬度测定法等。其中,雷兹纳稳定指数较为常用,在水质评价中常用于预示水结垢与腐蚀的程度,进一步指导循环冷却水系统的管理与操作。通常,雷兹纳(Ryznar)稳定指数可由经验公式(4.51)计算获得。

$$RSI = 2pH_s - pH_{act} \tag{4.51}$$

式中:pH_{act} 为水质实际 pH,pH_s 为冷却水的饱和 pH,由式(4.52)计算得到。其中 N_s 为溶解固体含量的函数,N_t 为温度的函数,N_H 为钙硬度的函数,N_A 为总碱度的函数。各参数均可查表 4-2 得到。进一步可应用 RSI 指数,依据表 4-3 判定水结垢与腐蚀的程度。

$$pH_s = 9.3 + N_s + N_t - N_H - N_A \tag{4.52}$$

表 4-2　　　　　　　　　　　饱和指数计算系数

固形物/ppm	N_s 值	温度/℃	N_t 值	钙硬度/$CaCO_3$,ppm	N_H 值	甲基橙碱度/$CaCO_3$,ppm	N_A 值
50—300	0.1	0—2	2.6	10—11	0.6	10—11	1.0
400—1 000	0.2	2—6	2.5	12—13	0.7	12—13	1.1
		6—9	2.4	14—17	0.8	14—17	1.2
		9—14	2.3	18—22	0.9	18—22	1.3
		14—17	2.2	23—27	1	23—27	1.4
		17—22	2.1	28—34	1.1	28—34	1.5
		22—27	2.0	35—43	1.2	35—43	1.6
		27—32	1.9	44—55	1.3	44—55	1.7
		32—37	1.8	56—69	1.4	56—69	1.8
		37—44	1.7	70—87	1.5	70—88	1.9
		44—51	1.6	88—110	1.6	89—110	2.0
		51—55	1.5	111—138	1.7	111—139	2.1
		56—64	1.4	139—174	1.8	140—176	2.2
		64—72	1.3	175—220	1.9	177—220	2.3
		72—82	1.2	230—270	2	230—270	2.4
				280—340	2.1	280—330	2.5
				350—430	2.2	360—440	2.6
				440—550	2.3	450—550	2.7
				560—690	2.4	560—690	2.8
				700—870	2.5	700—880	2.9
				880—1 000	2.6	890—1 000	3.0

表 4-3　　　　　　　　**RSI 指数对应水质腐蚀结垢倾向**

RSI	水的结垢腐蚀倾向
>8.7	严重腐蚀
8.7～6.9	轻度腐蚀

(续表)

RSI	水的结垢腐蚀倾向
6.9～6.4	稳定
6.4～3.7	结垢
<3.7	严重结垢

三、实验仪器与试剂

实验所需仪器包括：VNP3 多通道电化学工作站；CST500 电化学噪声测试仪；CST520 丝束电极电流电位扫描仪；在线多参数水质监测仪；S^{2-} 在线监测仪；Cl^- 在线监测仪；水质碱度在线监测仪；水质硬度在线监测仪；水质在线浊度检测仪。

实验所需电极材料包括：研究电极（所研究的材料）；饱和甘汞电极和铂片电极。测试介质：模拟工业循环水 A(RSI≈3)、B(RSI≈6.5)和 C(RSI≈9)。

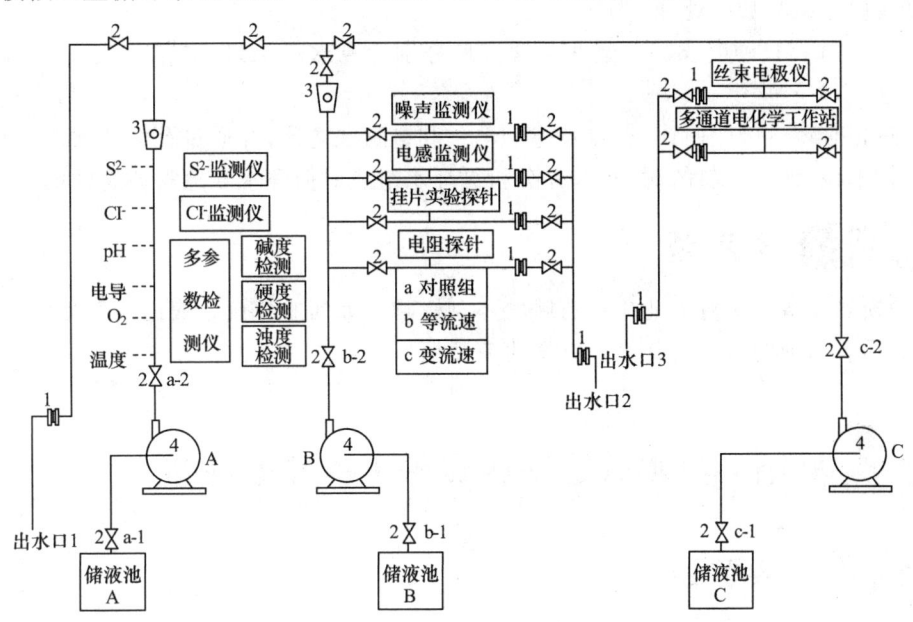

1—孔板流量计；2—阀；3—转子流量计；4—泵

图 4-30 工业循环水金属腐蚀在线监检测系统示意图

四、实验步骤

①打开 VNP3 多通道电化学工作站和计算机电源。

②将出水口 1、出水口 2 和出水口 3 连接到储液池 A，关闭阀 b-2 和 c-2，其他阀打开，利用泵 A 使储液池 A 中的模拟工业循环水在体系内持续循环，通过调节阀门来控制循环水流动状态。

③将布置在管道各处的研究电极 1～8 依次与 VNP3 多通道电化学工作站的 CH1～8 的红色工作电极夹连接，铂片电极与 VNP3 的蓝色对电极夹连接，饱和甘汞电极与 VNP3 的白色参比电极夹连接。测试材料的极化曲线（电位扫描范围：−250 mV～1 V 相对开

路电位;扫描速率:1 mV·s^{-1};回扫条件:电流大于 250 μA)。

④将表面结垢预处理的丝束电极安装到系统中,将丝束电极安装到 CST520 丝束电极电流电位扫描仪上,并连接参比电极与 CST520,测量丝束电极各点电位并记录数据。

⑤打开系统中的 CST500 电化学噪声测试仪,将参比线与参比电极相连,分别将工作电极 1 和工作电极 2 与待测试的碳钢和不锈钢电极相连,测试碳钢与不锈钢的电偶电流(监测时间为 30 min)。

⑥打开在线多参数水质监测仪、S^{2-} 在线监测仪、Cl^- 在线监测仪、水质碱度在线监测仪、水质硬度在线监测仪及水质在线浊度检测仪,依次按操作说明调试设备,待循环水稳定 10 min 后,分别记录各仪器的数据。

⑦断开循环水 A 的回路,排尽管路中的循环水 A 后,类似地依次监测检测循环水 B 和 C 的各项水质参数和腐蚀性。

⑧关闭设备后,用去离子水清洗管路及系统内仪器。

⑨实验结果与数据处理。

基于水质 pH、硬度、碱度、温度及含盐量分别计算水质 A、B、C 的 RSI 值,并评价水质稳定性。

通过拟合测试极化曲线,获得自腐蚀电位和自腐蚀电流,并通过孔蚀曲线获得孔蚀电位和保护电位,评价材料的耐蚀性,并分析循环水组成对循环水管道材质腐蚀的影响。

五、思考题

(1)换热设备结垢对工业生产有哪些不利影响?如何避免设备表面的结垢?
(2)垢下腐蚀的机理是什么?其危害有哪些?

4.8 循环海水管道阴极保护工程参数测量

一、实验目的

①了解外加电流阴极保护技术的基本原理、方法及影响因素。
②了解外加电流阴极保护系统的组成、作用及维护方法。
③掌握外加电流阴极保护系统的测量及效果评估方法。

二、实验原理

阴极保护是借助于直流电流从被保护金属周围的电解质中流入该金属,使该金属的电位负移到指定的保护电位范围内,从而使该金属免于腐蚀的一种金属保护方法。冷却水系统中的阴极保护方法有两类:一类是通过外加电流来实现阴极保护,称为外加电流阴极保护;另一类是通过牺牲阳极偶联实现的阴极保护,称为牺牲阳极阴极保护。

外加电流阴极保护的优点是在冷却水的流速与组成不断改变时,阴极保护电流可以人工或自动调节,以便在整个时间内都提供充分的保护。其实现的基本原理如图 4-31 所示。在金属自腐蚀状态下,金属表面阳极和阴极的热力学电位分别为 E_a 和 E_c,由于金属腐蚀的极化作用,阳极和阴极电位为交点 S 所对应的电位 E_{corr},对应的腐蚀电流为 I_{corr}。对金属进行阴极保护时,在阴极电流作用下金属的电位将从 E_{corr} 向更负的方向移动,阴极反应曲线 E_c 从 S 点向 C 点方向延长。当电位极化到 E_1 时,所需的极化电流为 I_i,相当于 AC 段,其中 BC 段这部分电流是外加的,而 AC 段这部分电流是阳极反应所提供的电流,此时金属尚未停止腐蚀。如果阴极极化到更负的电位 E_a,由于金属表面各个区域的电位都等于 E_a,此时腐蚀电流为零,外加电流为 I_e,其为金属达到完全保护所需的电流。

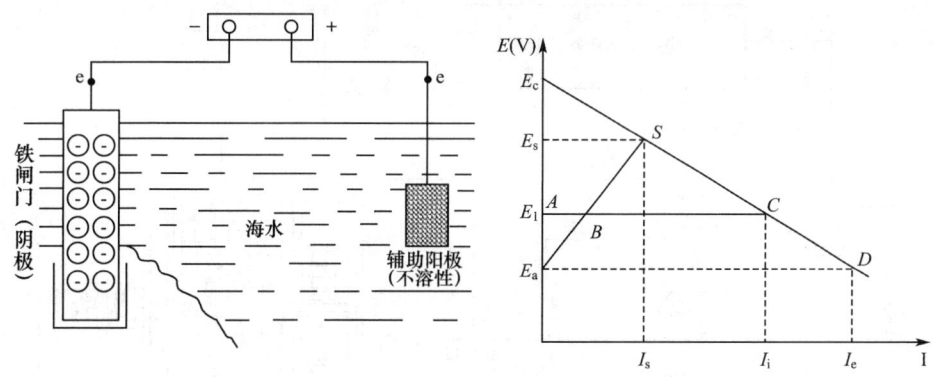

图 4-31 阴极保护原理图

外加电流阴极保护需要采用参比电极,以测量被保护结构相对于某种参比电极(而不是对电极)的电位来判断所进行的阴极保护是否有效。图 4-32 给出了应用一些常见参比电极的阴极保护电位。参比电极应安装在电偶作用最大处附近,同时又要远离阳极。一般认为:如果在电偶作用最大点上已经得到了适当的保护,可以认为,所有部件都得到了适当的保护。此外,阴极保护具有一个最大的保护距离,最大保护距离与保护对象的总长之比称为阴极保护度。阴极保护度是衡量埋地钢质管道阴极保护效果的指标。

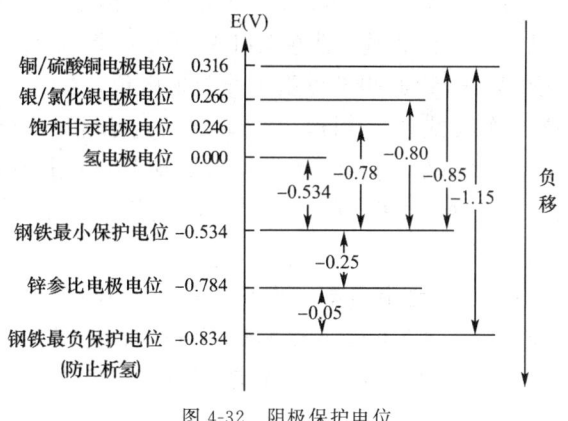

图 4-32 阴极保护电位

三、实验仪器及试剂

本实验采用如图 4-33 所示的循环海水管道阴极保护的实验装置,由储液池、不同内径且沿流动方向具有不同电位测试点的钢管、循环水泵、工业恒电位仪构成。实验采用

Ag/AgCl 电极作为参比电极,贵金属氧化物作为辅助电极,模拟海水或工业用水作为介质。

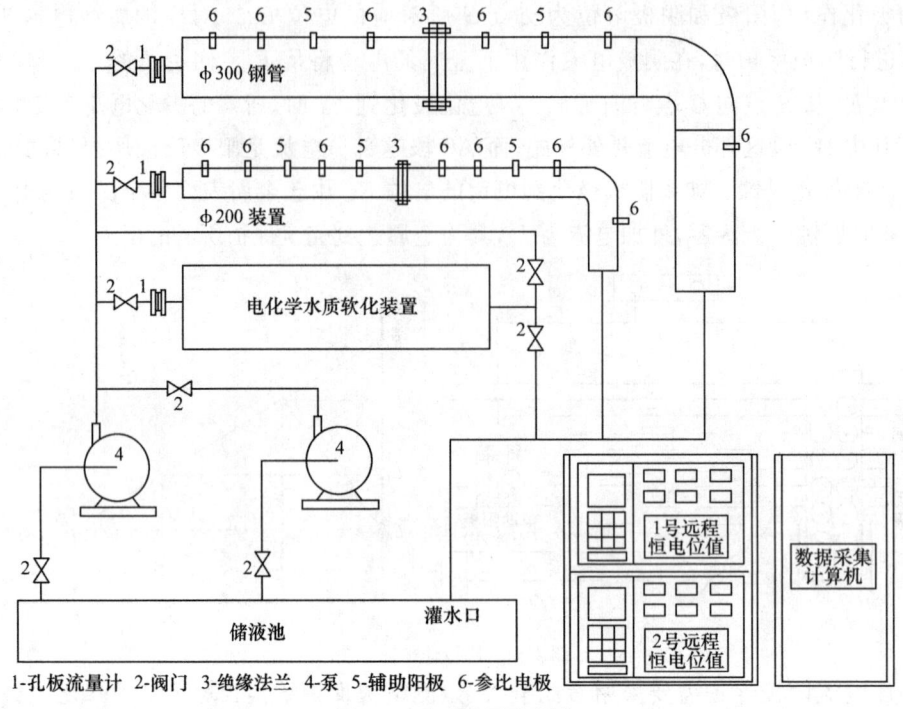

1-孔板流量计 2-阀门 3-绝缘法兰 4-泵 5-辅助阳极 6-参比电极

图 4-33 实验装置示意图

四、实验步骤

①打开本实验循环水系统所有阀门(备用泵阀门关闭),开启循环水泵,确保循环水系统稳定运行。

②分别将被保护管道接线端与工业恒电位仪负极相连,辅助阳极(贵金属氧化物电极)接线端与工业恒电位仪器正极相连,管道入口端的第一个 Ag/AgCl 参比电极接线端与工业恒电位仪的参比端相连,管道测试点引出线与恒电位仪器测量端相连。

③将工业恒电位仪工作模式调整到恒电位模式后开启电源,分别调节电位旋钮至 -0.8 V 和 -1.1 V(vs. Ag/AgCl 电极),测量管道其他参比电极所在测量点的电位值,并记录各测量点电位(vs. Ag/AgCl 电极)及工业恒电位仪保护电流数据,以确定阴极保护距离。

④ 在以上实验基础上,将管道出口端的参比电极与工业恒电位仪的参比端相连接,调整恒电位仪至 -0.8 V 和 -1.1 V(vs. Ag/AgCl 电极),测量管道其他参比电极所在测量点的电位值,并记录各测量点电位(vs. Ag/AgCl 电极)数据,以确定弯头部位的阴极保护电位分布。

⑤ 按照实验步骤③和④,依次测量不同管径管路电位分布,并记录工业恒电位仪保护电流与各测量点电位数据。

⑥ 实验结束,关闭恒电位仪电源,将各个电极接线断开,关闭循环水泵后,依次关闭系统各个阀门。

⑦ 数据处理方法

绘制不同管径被保护管道被保护电位分布图,并计算测试点的保护度,确定最小保护电流。

五、思考题

①外加电流阴极保护系统设计所需要的参数有哪些?
②外加电流阴极保护系统的保护效果受哪些因素影响?
③试分析外加电流阴极保护系统出现故障的原因。

4.9 阴极保护工程设计——埋地长输钢质管道外壁阴极保护案例

一、设计目的

①了解埋地钢质管道阴极保护工程技术的基本原理、方式及影响因素。
②掌握埋地钢质管道外加电流和牺牲阳极保护设计工程方法与设计依据。
③掌握埋地钢质管道沿线杂散电流排流方式及排流方案的设计。
④掌握阴极保护工程设计方案技术经济指标的评价方法。

二、工程背景

某聚乙烯生产厂埋地管道主要用于乙烯输送,其材质为 20♯碳钢。管道长度为 120 km,管道尺寸为 $\phi 325$ mm×10 mm,管道中心埋深为 3 m,表面防护层为聚乙烯冷缠带,管道沿线 0～3 m 土壤层的平均电阻率为 10 Ω·m,且距离乙烯生产厂管道 58 km 处与高速铁路平行,如图 4-34 所示。根据管道规格、管道长度、管道防护层选型和管道沿线土壤平均电阻率,设计阴极保护和排流方案,阴极保护的设计寿命大于 30 a。相关设计参数见表 4-4。

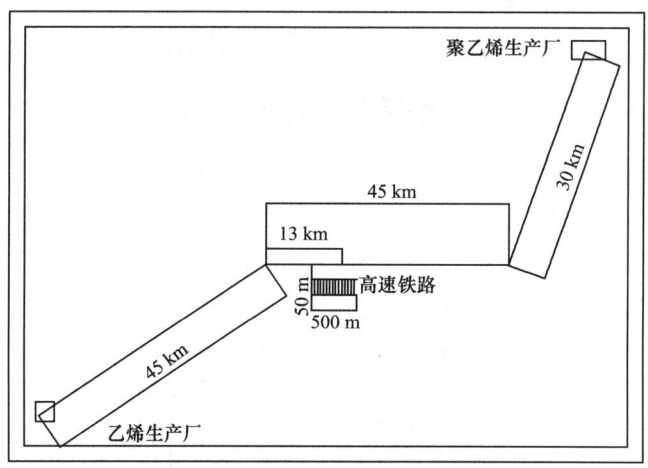

图 4-34 埋地钢质管道布置示意图

表 4-4　　　　　　　　　　　　　　项目设计参数

参数	具体要求
管道总长度	120 km
绝缘层	聚乙烯冷缠带
管道材质	20#碳钢
管道尺寸	ϕ325 mm×10 mm
管道总表面积	1 222 460 m^2
管道中心埋深	3 m
阴极保护系统设计寿命	30 a
0～3 m 土壤层平均电阻率	10 Ω·m
管道阴极保护电位	≤−0.85 V(vs. CSE)

三、参考标准

本设计的执行标准见表 4-5。

表 4-5　　　　　　　　　　　　　　项目设计执行标准

标准	具体名称
GB/T 21447—2018	《钢质管道外腐蚀控制规范》
GB/T 21448—2017	《埋地钢质管道阴极保护技术规范》
GB/T 21246—2020	《埋地钢质管道阴极保护参数测量方法》
GB/T 17731—2015	《镁合金牺牲阳极》
GB/T 4950—2021	《锌合金牺牲阳极》
GB/T 50698—2011	《埋地钢质管道交流干扰防护技术标准》
GB 50991—2014	《埋地钢质管道直流干扰防护技术标准》
GB/T 19285—2014	《埋地钢质管道腐蚀防护工程检验》
SY/T 0029—2012	《埋地钢质检查片应用技术规范》
SY/T 0086—2020	《阴极保护管道的电绝缘标准》
EN ISO 15589-1:2017	Petroleum, petrochemical and natural gas industries—Cathodic protection of pipeline systems-Part 1: On-land pipelines

四、牺牲阳极阴极保护系统的设计

1. 阴极保护电流密度选取

考虑到本项目埋地管道阴极保护寿命为 30 a。依据 30 a 后管道防腐层绝缘电阻可下降到 3×10^3 Ω·m^2 的工程实践经验，并结合表 4-6 给出的管道外防腐层绝缘电阻和阴极保护电流密度的对应关系，本项目选择埋地管道最小阴极保护电流密度为 0.10 mA·m^{-2}。

表 4-6　　　　　　　　电流密度和防腐层绝缘电阻的对应关系

参数	数值					
防腐层绝缘电阻/(Ω·m^2)	1×10^4	3×10^3	1×10^3	3×10^2	1×10^2	30
保护电流密度/(mA·m^{-2})	0.03	0.1	0.3	1.0	3.0	10.0

2. 阴极保护总电流计算

埋地管道总的阴极保护电流计算如下：

$$I_A = i \cdot S = 0.1 \times 122\,460 = 12\,246 \text{ mA} \approx 12.25 \text{ A} \qquad (4.53)$$

其中，i 为最小保护电流，S 为管道总表面积。

3. 牺牲阳极阴极保护系统的设计

(1)牺牲阳极的选型设计

①牺牲阳极材料选择

工业装备阴极保护工程常用的牺牲阳极有镁合金、锌合金和铝合金三种，其性能见表4-7。通常，在土壤环境中，依据土壤电阻率选择镁合金或锌合金，见表4-8。基于本项目管道沿线土壤电阻率，该项目宜选用锌合金牺牲阳极。

表 4-7　　　　　　　　　　牺牲阳极电化学性能

牺牲阳极	开路电位/V (vs. CSE)	电容量/A·h·kg^{-1}	电流效率/%	溶解状况
镁合金	−1.48～−1.56	≥1 100	≥50	腐蚀产物易脱落，表面溶解均匀
锌合金	≤−1.05	≥530	≥65	腐蚀产物易脱落，表面溶解均匀
铝合金	≤−1.10	≥2 400	≥85	腐蚀产物易脱落，表面溶解均匀

表 4-8　　　　　　　　　土壤环境中牺牲阳极的选择

土壤电阻率/(Ω·m)	选用阳极类型
50～100	镁基阳极
<50	锌基阳极

考虑到该管道沿线与高铁平行，为了降低交流杂散电流干扰的风险，参考《锌合金牺牲阳极》(GB/T 4950—2021)，可采用 ZP-4 型小质量梯形锌合金牺牲阳极，该锌阳极具体规格及尺寸，结构参数见表4-9。其中，阳极填包料的质量分数为：石膏粉 50%，膨润土 45%，工业硫酸钠 5%，填包料电阻率为 1 Ω·m。

表 4-9　　　　　　　　　ZP-4 型锌合金牺牲阳极尺寸

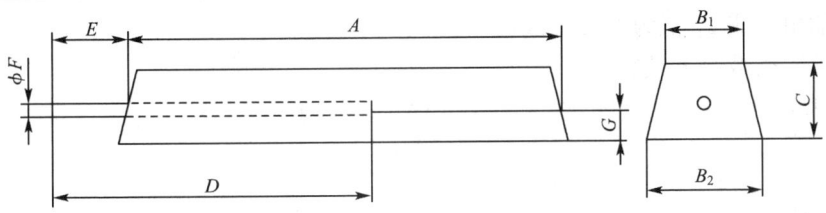

牌号	净质量/kg	A/mm	B$_1$/mm	B$_2$/mm	C/mm
ZP-4	21.5	800	55	64	60
D/mm	E/mm	F/mm	G/mm	毛质量/kg	
500	100	12	20	22	

②单支水平式阳极接地电阻计算

对于 ZP-4 型锌合金牺牲阳极，单支水平式阳极接地电阻(R_1)由式(4.54)计算得到 R_1 值为 3.83 Ω。

$$R_1 = \frac{\rho}{2\pi L_g}\left\{\ln\left[\left(\frac{2L_g}{D_g}\right)\left(1+\frac{L_g/4t_g}{\ln^2(L_g/D_g)}\right)\right]+\frac{\rho_g}{\rho}\ln\left(\frac{D_g}{d_g}\right)\right\} \tag{4.54}$$

式中:ρ 为土壤电阻率,10 Ω·m;ρ_g 为阳极填包料电阻率,1 Ω·m;L_g 为裸牺牲阳极长度,0.80 m;d_g 为裸阳极等效直径,0.076 m;D_g 为预包装牺牲阳极直径,0.3 m;t_g 为牺牲阳极中心至地面的距离,3 m。

③多支组合牺牲阳极接地电阻计算

对于 ZP-4 型锌合金牺牲阳极,多支水平式阳极接地电阻(R_g)由式(4.55)计算得到。

$$R_g = f\frac{R_1}{n} \tag{4.55}$$

式中:n 为阳极支数;f 为修正系数。

通常,n 值与 f 值存在对应关系,可参照《埋地钢质管道阴极保护技术规范》(GB/T 21448—2017)获得。本项目中采用 n 值为 4,f 值为 1.3,由式(4.54)计算得到 R_g 值为 1.24 Ω。

④牺牲阳极输出电流计算

对于 ZP-4 型锌合金牺牲阳极,单组锌合金牺牲阳极的输出电流(I_a)可由式(4.56)计算得到。

$$I_a = \frac{(E_c - \Delta E_c)-(E_a+\Delta E_a)}{R_g+R_c+R_w} = \frac{\Delta E}{R} \tag{4.56}$$

式中:E_c 为阴极开路电位,V;E_a 为阳极开路电位,V;ΔE_c 为阴极极化电位,V;ΔE_a 为阳极极化电位,V;R_c 为阴极极化电阻,Ω;R_w 为回路导线电阻,Ω;R 为回路总电阻,Ω;ΔE 为阳极有效电位差。

由于公式中,R_g 值要远高于 R_c 与 R_w 之和,即。

$$R_g \gg R_c + R_w \tag{4.57}$$

因此,式(4.56)可简化为(4.58)。

$$I_a = \frac{\Delta E}{R} \approx \frac{\Delta E}{R_g} \tag{4.58}$$

对于 ZP-4 型锌合金牺牲阳极,取 ΔE 值为 0.25 V,R_g 值为 1.24 Ω,计算单组锌合金牺牲阳极输出电流 I_a 值为 0.202 A。

⑤牺牲阳极数量的计算

ZP-4 型锌合金阳极数量(N),可依据式(4.59)计算得到。

$$N = \frac{B \cdot I_A}{I_a} \tag{4.59}$$

式中:I_A 为阴极保护总电流;B 为备用系数(取值 2.0)。计算可知,ZP-4 型锌合金阳极数量为 120 组,即阳极总数为 480 支。

⑥牺牲阳极寿命计算

ZP-4 型锌合金牺牲阳极寿命(T)计算如式(4.60)所示。

$$T = 0.85\frac{w}{\omega I} \tag{4.60}$$

式中:w 为单支阳极净质量,kg;ω 为单支阳极消耗率,kg·A^{-1}·a^{-1};I 为单支阳极平均输出电流,A。其中,I 由式(4.61)计算得到 I 为 0.025 5 A。

$$I = \frac{I_A}{N} \tag{4.61}$$

若取值 w 为 21.5 kg,ω 为 17.25 kg·A^{-1}·a^{-1},计算可得 T 为 42 a。此时,牺牲阳极的设计寿命满足不小于 30 a 的要求。

(2)牺牲阳极布置设计

根据计算结果,管道沿线需安装 120 组牺牲阳极,每隔约 1 000 m 的间距安装一组(4 支)ZP-4 型锌阳极。牺牲阳极距离埋地管道外壁 0.5~1 m,相邻两支阳极中心间距 2 m,埋深与管道底部平齐,约为 3 m。

①牺牲阳极测试桩布置设计

本方案拟设置 120 支牺牲阳极测试桩,测试桩应遵循均匀分布在 120 km 的管道沿线,即每隔约 1 km 设置一支牺牲阳极测试桩。在每支测试桩处都设置埋地长效硫酸铜参比电极和阴极保护电位检测片。阴极保护电位检测片分别包括自腐蚀试片和极化试片,检测片为柱状,材质为 20#碳钢,其裸露面积为 6.5 cm^2。现场安装时可调整牺牲阳极测试桩的位置,以"方便测试,便于管理"为原则,安装在绿化带或路边等不易遭受破坏、便于测试的位置。

②牺牲阳极保护系统绝缘设计

a.电绝缘装置

为防止阴极保护电流的流失,需对被保护的埋地钢质管道与非保护的钢质管道之间实施阴极保护电绝缘,在被保护管道与非保护管道之间安装绝缘接头。绝缘接头的安装应符合《阴极保护管道的电绝缘标准》(SY/T 0086—2020)的相关规定。通过查阅管道布置图可知,设置绝缘接头两处,具体设置位置、规格和数量的统计结果见表 4-10。

表 4-10　　　　　　　　绝缘接头安装部位统计表

序号	部位	规格	数量	备注
1	乙烯生产厂	DN 300	1套	聚乙烯冷缠带
2	第三方聚乙烯生产厂	DN 300	1套	

b.绝缘接头测试桩和等电位连接器

绝缘接头的安装部位还需安装绝缘接头测试桩和等电位连接器。其中,绝缘接头测试桩用于测试绝缘接头的绝缘性能,等电位连接器用于实现对管道绝缘接头的保护,其数量及安装部位统计见表 4-11。

表 4-11　　　　　绝缘接头测试桩及等电位连接器安装部位统计表

序号	部位	绝缘接头测试桩/支	等电位连接器/组
1	乙烯生产厂	1	1
2	第三方聚乙烯生产厂	1	1

(3)牺牲阳极保护工程验收

以《埋地钢质管道阴极保护技术规范》(GB/T 21448—2017)所规定的阴极保护电位合格准则作为阴极保护工程验收合格标准。在阴极保护装置投入运行后,利用极化试片测量测试桩处管道的保护电位值(消除 IR 电位降)应小于 -0.85 V(相对于 CSE,饱和硫酸铜电极);若−0.85 V的阴极保护标准无法达到,可采用阴极保护电位负向偏移至少100 mV的准则开展验收。

(4) 牺牲阳极保护效果监测

阴极保护装置投入运行后,利用管道沿线安装的测试桩,应每半年(或一年)监测被保护管道的保护电位(消除IR电位降)和牺牲阳极输出电流,并作相应的记录。对于保护电位和牺牲阳极输出电流不符合标准和设计技术要求的情况,应请专业技术人员开展调查和完善。

(5) 牺牲阳极保护技术要求

在开展管道总体设计过程中,对于阴极保护技术的要求如下:

① 钢质套管(包括混凝土套管)、混凝土包封中的钢筋、箱涵中的钢筋与管道的电绝缘,应满足《阴极保护管道的电绝缘标准》(SY/T 0086—2020)中的绝缘要求,埋地钢质管道不应与其他任何非保护的金属构筑物电导通。

② 考虑到本项目管道存在杂散电流干扰的可能性以及在设计牺牲阳极系统过程中的排流保护,本设计采用的牺牲阳极的质量较小,数量较多;待管道建成完工后,需对管道沿线杂散电流干扰情况进行测试。若管道沿线出现较大的交/直流干扰,则补充排流保护设计,来降低交/直流杂散电流干扰。

(6) 牺牲阳极保护系统的运维

阴极保护应与管道同步设计、施工并投运,投运后定期对牺牲阳极保护系统进行测试,来确保埋地管道阴极保护系统持续有效。

参考《埋地钢质管道腐蚀防护工程检验》(GB/T 19285—2014)中对牺牲阳极阴极保护系统的运维建议,应定期对保护电位、保护率、保护度开展检测,推荐的检测周期为6个月一次。

五、外加电流阴极保护系统的设计

1. 管道保护长度的计算

由四部分第1节可知,本项目选择埋地管道的最小阴极保护电流密度为$0.10\ \text{mA} \cdot \text{m}^{-2}$。强制电流一个保护站的保护长度$L_1$可由式(4.62)计算得到。

$$L_1 = 2L_p = \sqrt{\frac{8 \times \Delta V}{\pi \times D_p \times J_s \times R_s}} \tag{4.62}$$

式中:L_p为单侧保护管道长度,m;ΔV为长管道上的电压降[0.4 V(−1.25 V～−0.85 V)];D_p为管道外径(0.325 m);J_s为阴极保护电流密度,$0.1 \times 10^{-3}\ \text{A} \cdot \text{m}^{-2}$;$R_s$为单位长度管道纵向电阻,$\Omega \cdot \text{m}$。

$$R_s = \frac{\rho_g}{\frac{\pi}{4}(D_p^2 - D_I^2)} \tag{4.63}$$

式中:ρ_g为钢管电阻率,$0.135\ \Omega \cdot \text{mm}^2 \cdot \text{m}^{-1}$;$D_I$为管道内径,0.305 m。计算$R_s$值为$1.36 \times 10^{-5}\ \Omega \cdot \text{m}^{-1}$。

进一步,由(4.62)计算得L_p为24.0 km,即阴极站单侧管道保护长度达到24.0 km。

由图 4-34 可知,被保护管道全线长 120 km,管道沿线应设置 4 个阴极站。分别可在聚乙烯生产厂、乙烯生产厂及管道 40 km、80 km 处分别各设置一座阴极保护站,共计 4 座阴极站。

2. 辅助阳极质量及规格的选取

本方案辅助阳极选用高硅铸铁阳极,其最大优点是价格低、使用寿命长、极耐酸腐蚀、消耗率低、允许的电流密度大、接地电阻小、极化电位稳定,利用率高。辅助阳极的经济数量按经验公式(4.64)确定。

$$n_w = 0.12 I_A \sqrt{\rho} \tag{4.64}$$

式中:n_w 为辅助阳极的数量;I_A 为总保护电流,12.25 A;ρ 为土壤电阻率,10 Ω·m。计算可得 n_w 为 5 支。

考虑到管道沿线的土壤电阻率的波动范围较大,应预留一定的设计裕量,所以外加电流阴极保护系统的辅助阳极设计数量选择 40 支,每个阴极站设置 10 支辅助阳极。由式(4.65)计算可得,每个阴极站的单支辅助阳极平均输出电流($I_{输}$)值为 0.306 A。此时,单支辅助阳极的最小质量可由式(4.66)计算得到。

$$I_{输} = I_A / n_w = 12.25 / 40 = 0.306 \text{ A} \tag{4.65}$$

$$G = \frac{T \cdot g \cdot I_{输}}{k} \tag{4.66}$$

式中:G 为单支辅助阳极的质量,kg;g 为单支辅助阳极消耗率,0.25 kg·A^{-1}·a^{-1},$I_{输}$ 为单支辅助阳极工作电流,0.306 A;T 为单支辅助阳极设计寿命,30 a;k 为单支辅助阳极利用系数(0.7)。此时,计算得 G 值为 3.279 kg。

本项目设计拟选取高硅铸铁作为辅助阳极,其规格为 $\phi 50$ mm×1 500 mm,22 kg/支。该阳极在土壤及淡水环境中的最大额定输出电流为 2.4 A/支,考虑到阴极保护站设计计算的单支阳极输出电流为 0.306 A,远远小于最大额定输出电流,则该阳极在推荐的电流密度下(≤50 A·m^{-2},土壤及淡水环境)可保证其使用寿命大于 30 年。其中,高硅铸铁阳极的电化学性能见表 4-12。

表 4-12   高硅铸铁棒状阳极技术参数

参数	具体要求
规格	$\phi 50$ mm×1 500 mm
使用介质	土壤介质
额定输出电流	2.4 A
期望寿命	30 a
基材化学成分	满足标准 GB/T 8491—2009
连接接触电阻	0.01 Ω

3. 辅助阳极地床的类型设计及接地电阻的计算

考虑到本项目的乙烯输送管道均位于郊区,管道沿线第三方埋地钢质管道较少,并且被保护管道沿线土壤电阻率较低、征地协调难度不大,故建议采用浅埋式阳极地床。

单支水平式辅助阳极接地电阻(R_1)计算如式(4.67)所示。

$$R_1 = \frac{\rho}{2\pi L_a} \ln\left(\frac{L_a^2}{tD_a}\right) \quad (t \ll L_a, D_a \ll L_a) \tag{4.67}$$

式中：R_1 为单支水平式辅助阳极组接地电阻，Ω；L_a 为单支辅助阳极长度（含填料），2.0 m；D_a 为辅助阳极直径（含填料），0.273 m；t 为辅助阳极埋深（填料顶部距地表面），3.0 m；ρ 为土壤电阻率，10 $\Omega \cdot$m。此时，计算得 R_1 为 1.3 Ω，进一步可由式(4.68)计算得到每个阴极站辅助阳极组的接地电阻 R_g。

$$R_g = F \frac{R_1}{n} \tag{4.68}$$

式中，F 为辅助阳极电阻修正系数，由式(4.69)计算得到。

$$F = 1 + \frac{\rho}{n \cdot S \cdot R_1} \ln(0.66n) \tag{4.69}$$

式中，n 为阳极支数，10；S 为辅助阳极间距，2.0 m。此时，由式(4.68)计算得到阳极地床的接地电阻为 0.225 Ω，计算结果满足单个阴极站浅埋式阳极地床接地电阻 $R_g \leqslant 3.0\ \Omega$ 的工程经验要求。

4. 强制电流阴极保护系统的电源功率计算

强制电流阴极保护系统的电源功率 P(W)由式(4.70)计算得到。

$$P = \frac{IV}{\eta} \tag{4.70}$$

式中：η 为电源效率，取值 0.7；I 为电源设备的输出电流，A；V 为电源设备的输出电压，由式(4.71)计算得到。

$$V = I(R_g + R_L + R_c) + V_v \tag{4.71}$$

式中：R_g 为浅埋式阳极地床接地电阻，0.225 Ω；R_L 为导线电阻(Ω)；R_c 为阴极土壤过渡电阻(Ω)；V_v 为焦碳地床的反电动势，2.0 V；I 为电源设备的输出电流，3.06 A；其值为 2 倍的单侧方向的保护电流(I_0)。

本方案中，阳极主电缆和阴极汇流电缆拟均采用 $1 \times 16\ \text{mm}^2$ 的电缆，其线电阻为 0.355 m$\Omega \cdot$m^{-1}；若阴极保护系统回路电缆总长度按 200 m 计算，则导线电阻 R_L 为 0.71 Ω。此时可忽略 R_c。依据式(4.71)计算得到电源设备的输出电压 V 为 4.86 V，进一步依据式(4.70)计算得到强制电流阴极保护系统的电源功率 21.25 W。考虑实际中阳极地床接地电阻、防腐层绝缘电阻及回路电阻的变化，可选用的整流器规格为输出电压 60 V、输出电流 20 A 的工业恒电位仪。

5. 阴极站的设置

根据管道分布实际情况，本项目建议设计 4 座阴极站，1 座设置在乙烯生产厂，1 座设置在聚乙烯生产厂，其余 2 座分布在管道 40 km、80 km 处，将恒电位仪器分别放置在乙烯生产厂、聚乙烯生产厂内以及管道 40 km、80 km 处的建筑物内，便于设备的维护管理及长时间安全稳定运行。

6. 阳极床分布位置设计

在本项目设计中，在每个阴极站设置一处浅埋式阳极地床。阳极地床位于管道一侧的空地位置，其与管道的距离根据场地条件确定（一般应保证辅助阳极地床在最大输出电流的工况下，对其他管道地电位升高小于 0.2 V）。阳极地床中的每支阳极按照首尾 0.5 m 间距布置，然后将每支阳极电缆引到阳极测试桩进行汇流，再通过电缆沟槽将测试桩引出的汇流阳极主电缆接入阴极保护控制站。

阳极电缆在敷设时采用铺砂盖砖保护,在阳极地床中的第一支和最后一支上部设置"阳极标示桩",在阳极电缆、阴极电缆上部每间隔 50 m 设置一支"电缆标示桩",并在电缆转角处设置"电缆转角桩",在阴极通电点上部设置标示桩,这些标示桩主要用于运行期间对阴极保护系统的规范化管理,可保障阴极保护系统长期安全运行。

7. 参比电极的选择及阴极保护电位监控

长效饱和 $Cu/CuSO_4$ 参比电极在土壤中使用时具有稳定、寿命长等优点,本设计选用长效饱和 $Cu/CuSO_4$ 参比电极作为阴极保护系统通电点的控制参比电极,利用工业恒电位仪实现对土壤中的管道电位监测。

8. 阴极保护系统的组成

在本方案中,每座阴极站有以下四个主要组成部分:

①提供保护电流的站内设备(恒电位仪,2 台,一用一备机型)。

②阳极地床(1 处浅埋式阳极地床,设置 1 支辅助阳极地床测试桩,2 支辅助阳极地床标示桩)。

③通电点(阴极保护通电点及参比电极的设置,包括 1 支长效参比电极,1 支通电点标示桩)。

④阴极保护电源与管道之间的阴极汇流电缆,以及阴极保护电源与阳极地床测试桩之间的阳极主电缆(包含阳极电缆、阴极电缆标志桩及转角桩)。

(1)阴极保护恒电位仪

阴极保护用恒电位仪需要在相对严苛的工作环境条件下,实现对阴极保护系统长时间的电位监测与控制。本项目涉及的恒电位仪应用的环境条件见表 4-13,恒电位仪功能见表 4-14。

表 4-13　　　　　　　　　阴极保护恒电位仪的环境条件

参数	具体要求
工作温度	−15~45 ℃
输出电压	最高±60 V,输出电压的可调范围不窄于 1% 的额定输出电压
输出电流	最高±20 A,电流的可调范围不窄于 1% 的额定输出电流
储存温度	−40~55 ℃
相对湿度	20%~90% RH
大气压力	86~106 kPa
使用电源	交流单相 AC 220 V±10% 50 Hz±10%
绝缘电阻	仪器的电源进线相对机壳的绝缘电阻不小于 10 MΩ
抗电强度	仪器的电源进线对机壳能承受 1 500 V(有效值),50 Hz 的试验电压,历时 1 min 不出现闪络和击穿
软启动	仪器具有软启动功能。开机时,输出电流缓慢增大,直至达到预控值,无冲击电流现象

表 4-14　　　　　　　　　阴极保护恒电位仪功能

参数	具体要求
运行模式	恒电位、恒电流,且手动连续可调

(续表)

参数	具体要求
恒电位功能	控制范围可在-3～0 V范围内连续可调,电位精度不大于5 mV
电位漂移	仪器在额定状态下连续工作24 h,保护电位值变化不大于5 mV。当因参比电极失效或仪器内部自控线路损坏等原因使仪器不能恒电位时,仪器自动切换至恒电流工作状态
恒电流功能	控制电流可在1%～100%额定输出的范围内连续可调;精度高于2%;可手动调节输出的恒电流
参比阻抗	输入阻抗大于1 MΩ
报警功能	当保护电位偏离控制电位30～100 mV时,仪器能声光报警。
负载特性	当负载变化时(最小值不小于$1/3R_{dN}$,R_{dN}为额定负载电阻),保护电位值的变化小于5 mV
过流保护	当输出电流为102%～110%额定输出电流值时,仪器自动进入限流工作状态,并发出声光报警。当过流时间超过20 s后,仪器自动切换至恒电流工作状态。仪器在电源输入端和输出端装有熔断器,当出现输出过载或短路时,能立刻切断电源
断电测试功能	能手动和远程控制阴极保护的工作状态。可实现连续供电工作状态和测间歇供电工作(通电12 s,断电3 s)
手动断电测试	通过开关选择,仪器进入间歇供电测试状态,通电12 s,断电3 s。在测试期内,要求输出电流中断3 s不报警,从断电转通电时,不得出现电流冲击现象
测试功能	仪表采用精度为±0.5%的数字表,可分别测量输出电压、输出电流、管地(保护)电位。

(2) 阳极地床

阳极地床是构成阴极保护回路的主要装置,长期埋在地下与土壤电解质接触,处于电解状态。本设计选用高硅铸铁阳极,共40支高硅铸铁阳极。高硅铸铁阳极本体规格为 ϕ50 mm×1 500 mm,预制成 ϕ273 mm×2 000 mm 的阳极体,中间填充焦炭。

(3) 阴极保护电缆

本工程中根据不同的连接位置和用途选择不同横截面积的电缆进行连接。阴极保护系统的阳极主电缆、阴极主电缆和参比电缆均选用铠装电缆,电缆选用情况及数量见表4-15。

表4-15　　　　　　　　　　电缆选用规格及数量

电缆使用位置	电缆规格	数量/mm
辅助阳极电缆	VV0.6 1 kV/1×10 mm^2	240
参比电极电缆	VV$_{22}$0.6 1 kV/1×6 mm^2	800
阳极主电缆	VV$_{22}$0.6 1 kV/1×16 mm^2	1600
阴极主电缆	VV$_{22}$0.6 1 kV/1×16 mm^2	800
零位接阴电缆	VV$_{22}$0.6 1 kV/1×10 mm^2	800

(4) 阴极保护IR电位降测试

采用参比电极测试埋地管道极化电位时,电流在土壤中的流动会产生IR电位降,阴极保护中的电位控制要求消除IR电位降的影响,此时获取工作电极与参比电极之间的电阻成为实现精准控制阴极保护电位的关键。

电流中断方法是一种有效获取内阻的测试方法。对于受恒流阴极保护的管道,断电后管道电位会立即降下来,然后再慢慢衰减。其中,瞬间降落下来的电压降就是IR电位降。工程实践中,电流中断法常常因条件限制而难以实施。例如:对于强制电流阴极保护时,当管道处于多个保护站同时保护,同步中断多个电源设备需在电源安装同步断续器。测试过程中,若存在杂散电流干扰,即使采用电流断电法,也难以测出真实的 IR 电位降。

采用极化探头测量管道的极化电位,可消除测量中 IR 电位降(极化探头可以消除 90%以上的 IR 电位降)。《埋地钢质管道阴极保护技术规范》(GB/T 21448—2017)7.4 条款中指出:如果杂散电流干扰影响或外加电流难以消除时,应采用极化探头(试片)断电测量进行电位测量。

极化探头由测试试片(自然腐蚀试片和极化试片)、参比电极和电解质等组成,其基本结构如图 4-35 所示。其中,极化试片与管道材质相同,并用导线与管道相连,外部用绝缘体隔离,只留一个多孔塞(渗透膜)作为测量通路,这样的结构可使参比电极和管道之间的电阻降至最低。此时,测量结果无 IR 电位降,无须再通过中断管道保护电流实现 IR 电位降的测量。

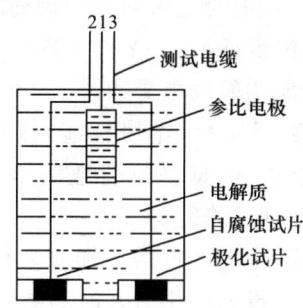

图 4-35 极化探头示意图

极化探头作为监测电极长期埋入地下时,首先要把极化探头装入参比电极的填料包内再埋入土壤中,并在极化探头周围的土壤浇水润湿。极化试片材质与被检测埋地管道的材质相同(20♯碳钢)。极化探头连接导线与极化探头本体连接处应进行密封。极化探头应置于棉布袋中,棉布袋中装满填料,并保证填料的厚度不小于 200 mm。

9. 其他应考虑的因素

本方案考虑到阴极保护站的土建、辅助阳极地床的临时征地及 220 V 交流电供电等配套工作,应由管道业主单位负责开展。建议把阴极保护站设计在乙烯生产厂、聚乙烯生产厂及管道沿线的建筑物中,利用站内的房间、管道沿线的建筑物来安装恒电位仪。一般情况下恒电位仪需要面积约 10 m² 的房间,并建议安装空调,以保障夏季高温期恒电位的正常工作。

阴极保护站理论上可以保护部分管线,由于所保护的埋地管道沿线地下环境复杂,管网复杂部位可能出现局部保护电位不足的现象。应根据阴极保护系统投入运行后现场实际测量的结果来统计阴极保护距离。对于保护电位达不到阴极保护标准的管段,建议增加牺牲阳极加强保护。

(1)设计计算说明

①保护电位

选择管道最低保护电位≤−0.85 V(对 Cu/CuSO₄ 参比电极),实际控制保护电位以断电电位为准，通电点的断电电位为−1.20～−0.85 V（消除 IR 电位降），必须要求阴极保护电位的测量消除 IR 电位降，这样可以充分保证埋地管道的阴极保护真正达到了标准规范要求。

②阳极地床跨步电压安全保障的说明

为了防止阳极床附近电流较大时可能产生的跨步电压对人畜构成的潜在危害，应尽量增大阳极地床表面土壤的电阻，即保证阳极地床上方回填的砾石厚度不小于 800 mm，并按设计要求保证阳极安装的深度为 3 m，并在第一支和最后一支阳极上各设置一支阳极标志桩。由于阴极保护电源额定电压较低（60 V），阳极床输出电流有限，这样可保证在恒电位仪额定输出电流的条件下（小于 20 A）不会产生直流跨步电压，有效避免了对人畜的危害。

(2) 管线总体设计中的阴极保护技术要求

在开展埋地管道总体设计过程中，对于阴极保护技术的要求如下：

①钢质套管（包括混凝土套管）、混凝土包封中的钢筋、箱涵中的钢筋与埋地管道的电绝缘，应满足《阴极保护管道的电绝缘标准》（SY/T 0086—2020）中的绝缘要求，埋地钢质管道不应与其他任何非保护的金属构筑物电导通。

②钢管安装回填后，应对防腐层质量（绝缘性能）按照《钢质管道外腐蚀控制规范》（GB/T 21447—2018）第 6 章要求检测，即防腐管道回填后必须对防腐层完整性进行检查，对检查出来的防腐层缺陷进行开挖修复。

③对管道沿线阴极保护电位不足的部位需增加安装牺牲阳极以加强保护，具体安装部位需根据强制电流阴极保护系统投入使用后开展测试来确定。

五、交流干扰排流保护设计

1. 交流杂散电流干扰对管道的影响

交流干扰源对管道的影响主要有以下三种，分别是：

①电容耦合干扰：由于交流电场的影响在管道中产生的电位。

②电阻耦合干扰：由于故障电流或土壤里的杂散电流引起的电接触、飞弧或局部电压锥在导体中产生的电位。

③电感耦合干扰：在高压电力线里由于短路电流或者工作电流造成的交变磁场的感应在导体中产生的电位。

当管道埋入地下后，强电线路的电容耦合干扰可以忽略不计，只存在一定程度的电阻耦合干扰和电感耦合干扰。

2. 交流杂散电流干扰的判定

管道和交流干扰源接近时应做好实地调查，以正确估计在正常、故障、闪电、开关冲击等条件下的交流干扰电压和电流水平。管道与交流接地体及架空送电线路的最小距离不宜小于表 4-16 及表 4-17 中的规定。

表 4-16　埋地管道与交流接地体的最小距离（GB/T 21447—2018）

参数	具体要求					
电压等级/kV	10	35	110	220	330	500
临时接地/m	0.5	1.0	3.0	5.0	6.0	7.5
铁塔或电杆接地/m	1.0	2.5	5.0	10.0	6.0	7.5

表 4-17　埋地管道与架空送电线路的最小距离（GB/T 21447—2018）

电力等级/kV 最小距离/m 地形	≤3	6—10	35—66	110—220	330	500
开阔地区	最高杆（塔）高					
路径受限地区	1.5	2.0	4.0	5.0	6.0	7.5

注：距离为边导线至管道任何部分的水平距离。

当管道上的交流干扰电压不高于 4 V 时，可不采取交流干扰防护措施；高于 4 V 时，应采用交流电流密度进行评估，交流电流密度可按下式计算：

$$J_{AC}=\frac{8V}{\rho\pi d} \tag{4.72}$$

式中：J_{AC} 为评估的交流电流密度，$A\cdot m^{-2}$；V 为交流干扰电压有效值的平均值，V；ρ 为土壤电阻率，$\Omega\cdot m$；d 为破损点直径，m。

注意：ρ 值应取交流干扰电压测试时，测试点处与管道埋深相同的土壤电阻率实测值；d 值按发生交流腐蚀最严重考虑，取值 0.011 3 m。

管道受交流干扰的程度可按表 4-18 的判断指标规定判定。

表 4-18　交流干扰程度的判断指标（GB/T 50698—2011）

交流干扰度	弱	中	强
交流电流密度/(A·m⁻²)	<30	30～100	>100

当交流干扰程度判定为"强"时，应采取交流干扰防护措施；判定为"中"时，宜采取交流干扰防护措施；判定为"弱"时，可不采取交流干扰防护措施。

3. 交流杂散电流排流保护设计

(1) 排流方式的选择

我国高铁接触网电压一般为 25～30 kV，额定电压为 25 kV。对于埋地或架空 25 kV 高压线（接地装置）的故障电流对管道造成的杂散电流干扰，一般采用固态耦合器联合接地地床排流的方式进行保护。

(2) 排流地床接地材料的选择

排流地床接地材料选择时应考虑如下因素：接地材料的开路电位、极性逆转、使用年限及经济性。

① 开路电位

在选择排流地床接地材料时，应首先考虑接地材料的开路电位是否足够负，这决定了是否能够产生充足的电流使被保护体呈现阴极极化。镁合金牺牲阳极的开路电位为—1.50 V,对铁的电位差为0.70 V;锌合金牺牲阳极的开路电位为—1.10 V,对铁的电位差为0.30 V。值得注意的是:接地材料的开路电位越负,活性就越高;在较低的土壤电阻率情况下,自身的消耗比较严重,这会导致排流地床的利用率降低。本项目管道平均土壤电阻率约为 10 Ω·m,此时对于镁合金牺牲阳极而言并不适合,这是因为大量镁合金作为牺牲阳极后,会由于自身的溶解而消耗。

②极性逆转

排流保护中,还需要特别注意牺牲阳极在交流电干扰严重的条件下,镁、铝、锌基阳极都可能发生极性逆转(牺牲阳极转变为阴极,被保护管道转变为阳极)。这样不但起不到保护作用,反而会加速埋地管道的腐蚀。国外有文献报道:镁合金牺牲阳极在交流电压 20 V,电流密度 3.9 mA·cm^{-2}时,极性发生逆转。铝合金牺牲阳极不够稳定,但较镁合金牺牲阳极要好。比较起来,锌合金牺牲阳极在三大类阳极中抗交流干扰的能力最强,输出的保护电流比较恒定。因此,在存在交流干扰的环境中,如果采用牺牲阳极作为排流地床,不可忽视其极性逆转现象。对于该段管道,交流杂散电流的干扰可能性比较明显,选用锌基阳极比较合理。

③经济性

排流地床接地材料经济性所涉及的影响因素比较多,如:材料价格、单位质量输出电流的价格及如何合理选择接地材料、埋设方式等。镁合金与锌合金牺牲阳极两种材料,都有各自经济的土壤电阻率适用范围,如果将镁合金牺牲阳极用于低电阻率的环境中,或是将锌合金牺牲阳极用于高电阻率的环境中,都是不经济的。

(3)浅埋式排流地床的设计

选择裸铜线作为排流地床。裸铜线具有优异的导电性能,使用寿命长,全寿命周期内的成本低,故采用裸铜线联合固态去耦合器进行排流,裸铜线截面积为 35 mm^2,长度(L_a)为 200 m,裸铜线埋深为 3 m,平行于管道铺设,距离管道外侧为 1～3 m。浅埋式排流地床(裸铜线)的接地电阻 R_1 按公式(4.64)计算《埋地钢质管道阴极保护技术规范》(GB/T 21448—2017)标准值为 0.12 Ω。

按工程实践和相关标准的要求,排流地床接地电阻宜小于对应位置管道的接地电阻(工程经验估算该段管道接地电阻为 1.32 Ω),因此初步设计满足要求。

(4)排流器的设计

本项目采用常规固态去耦合器联合接地地床排流的方式进行保护,图 4-36 为固态去耦合器与保护管道连接的示意图。此时,固态去耦合器利用电容元件导通稳态交流干扰电流,使其具备故障电流与雷击浪涌的防护能力。

参考规范《低压电涌保护器(SPD) 第 11 部分:低压电源系统的电涌保护器 性能要求和试验方法》(GB/T 18802.11—2020),固态去耦合器的参数见表 4-19。固态去耦合器与排流地床以及固态去耦合器与管道之间的连接均采用 VV 0.6/1 kV 1×35 mm^2 铜芯电缆。

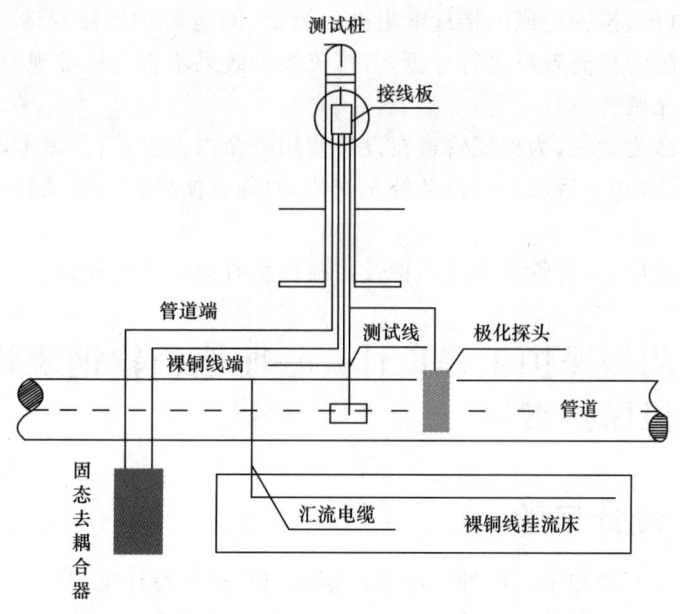

图 4-36 固态去耦合器与被保护管道、排流地床连接示意图

表 4-19 固态去耦合器的参数

参数	数值
稳态交流电流/A	50
直流泄露电流/mA	≤1
额定隔离电压(正向/反向)	+2 V/−2 V
额定雷电冲击通流容量/KA	100
最大雷电冲击通流容量/KA	200
故障电流/A	3 500(30 周波)
外壳材料	不锈钢
防护等级	IP68
外形尺寸	$\phi150\times500$ mm
工作环境温度	−45 ℃~60 ℃
防爆类型	防爆
安装形式和位置	地表

(5)排流保护效果监测

为了监测排流保护的效果,设置两处固态去耦合器(兼具测试功能)测试桩测试管道干扰电位。另外,为了监测杂散电流交流腐蚀的影响,在固态去耦合器处安装埋地检查片,用于检测评估交流干扰的影响及排流保护效果。

(6)交流杂散电流干扰装置的运维

若埋地管道防腐层完整、无漏点,管道不可能与大地形成电流通道,管道也就不会受到杂散电流腐蚀危害。因此,本设计特别强调:需对沿线约 5 km 的管道进行防腐层破损点检测,对发现的防腐层破损点及时进行开挖修复。

在排流设施安装完毕后,应安排专业技术人员每月对排流设施处管道的交流干扰电位、管道的管地电位、排流地床的接地电阻进行测试,同时每年均需聘请专业阴极保护检测公司对排流设施的排流效果进行分析,若排流保护效果不符合标准规范要求,需进行排流保护设施的补充调整。

管道设计寿命为30 a,为保证管道在设计使用寿命内安全运行,需考虑杂散电流干扰排流保护设施更换(10 a后、20 a后)及补充安装,明确具体后期更换及补充安装排流保护主要材料。

管道施工完成后,应对管道排流保护及阴极保护有效性进行调试。

4.10 阴极保护工程设计——埋地长输钢质管道内壁阴极保护案例

一、设计目的

①掌握埋地循环冷却水系统外加电流和牺牲阳极保护设计工程方法与设计依据。
②掌握阴极保护工程的相关的计算、选材、设备选型以及工程验收等规范化方案制定方法。

二、工程背景

某电厂采用海水作为循环冷却水,其管道规格为DN4800(表4-20),管道内壁拟采用环氧煤沥青防腐。本设计拟采用强制电流法对该项目的埋地循环水管道内壁进行阴极保护,保护总长度约4 490 m,阴极保护设计寿命30 a。相关阴极保护设计参数见表4-21。

表4-20　　　　　　　　　　埋地管道统计表

序号	管道名称	管道规格	长度/m	面积/m^2
1	循环水给水管道	DN4800	1640	24718
2	循环水排水管道	DN4800	710	10702
合计			2350	35420

表4-21　　　　　　　　　　设计参数表

参数	具体要求
管道总长度	2 350 m
管道总表面积	35 420 m^2
绝缘层	环氧煤沥青
阴极保护系统设计寿命	30 a
恒电位仪使用寿命	大于10 a
海水电阻率	25 $\Omega \cdot cm$
辅助阳极型号及规格	MMO棒状阳极,$\phi 25 \, mm \times 500 \, mm$
管道保护电位	$-1.05 \sim -0.80$ V(SCE)

三、设计标准

本设计案例所执行的设计标准见表4-22。

表 4-22　　　　　　　　　　设计标准表

标准号	标准名称
GB/T 16166—2013	滨海电厂海水冷却水系统牺牲阳极阴极保护
GB/T 17005—2019	滨海设施外加电流阴极保护系统通用要求
GB/T 7387—1999	船用参比电极技术条件
GB/T 7388—1999	船用辅助阳极技术条件
GB/T 4948—2002	铝-锌-铟系合金牺牲阳极
GB/T 4949—2018	铝-锌-铟系合金牺牲阳极化学分析方法
GB/T 17848—1999	牺牲阳极电化学性能试验方法
GB/T 7788—2007	船舶及海洋工程阳极屏涂料通用技术条件
GB/T 7790—2008	色漆和清漆 暴露在海水中的涂层耐阴极剥离性能的测定
GB/T 9124.2—2019	钢制管法兰 第 2 部分：Class 系列
GB/T 9125—2010	管法兰连接用紧固件
GB/T 17478—2004	低压直流电源设备的性能特性
GB/T 31404—2015	核电站海水循环系统防腐蚀作业技术规范
GJB 156A—2008	港工设施牺牲阳极保护设计和安装
CB 3220—1984	船用恒电位仪技术条件

四、强制电流阴极保护系统的设计

1. 阴极保护系统的设计计算

(1) 保护电流密度的选取

根据管道内壁所处介质环境，确定管道在海水中的阴极保护电流密度，并且考虑到管道防腐层在使用过程（设计寿命为 30 a）破损率递增且达到 30%，裸钢在海水中的电流密度为 100 mA·m^{-2}，从而确定管道内壁的阴极保护电流密度为 30 mA·m^{-2}（100 mA·m^{-2} × 30% = 30 mA·m^{-2}）。

(2) 保护电流的计算

循环水给水管道和循环水排水管道阴极保护的电流总量可分别由式(4.53)计算获得，计算结果见表 4-23。可见，保护电流（I_{all}）合计 1 062.6 A。

表 4-23　　　　循环水给水管道结构参数及保护电流统计表

序号	管道名称	管道规格	长度/m	面积/m²	保护电流/A
1	循环水给水管道	DN4800	1 640	24 718	741.54
2	循环水排水管道	DN4800	710	10 702	321.06
合计			2 350	35 420	1 062.60

(3)辅助阳极数量的选取

本方案辅助阳极选用MMO(金属氧化物)阳极,其具有质量轻、电流密度大、年消耗率低等优势,单支MMO阳极参数见表4-24,单支辅助阳极有效输出电流(I_a)9.812 5 A。

表4-24　　　　　　　　　单支辅助阳极的结构与性能参数

参数	具体要求
直径	0.025 m(依据设计参数表MMO棒状阳极规格,$\phi25$ mm×500 mm)
长度	0.5 m(依据设计参数表MMO棒状阳极规格)
表面积	0.039 25 m²
最大输出电流	500×0.039 25=19.625 A(MMO最大输出电流密度500 mA·m⁻²)
有效输出电流	0.50×19.625=9.812 5 A(有效输出电流为最大输出电流的50%~60%)

将上表代入公式4.73可知,辅助阳极的经济数量(n_w)为108支。

$$n_w = \frac{I_{all}}{I_a} \tag{4.73}$$

考虑到管道内壁的防腐层随着使用年限的增长,防腐层的破损率增大,所需的保护电流也将随之增大,而且管道直径较大,为了留有20%的设计裕量,所以将辅助阳极设计数量选择为130支。因此,依据式4.70计算得知,本阴极保护系统单支阳极的平均输出电流是8.17 A。

(4)辅助阳极质量及规格的选取

依据式(4.63),计算得知辅助阳极总质量G值为$3.51×10^{-5}$ kg。式中辅助阳极消耗率g取值$1×10^{-7}$ kg·A⁻¹·a⁻¹;辅助阳极利用系数k取值0.7(一般在范围0.7~0.85内);辅助阳极设计寿命T取值30 a。

参考《船用辅助阳极技术条件》(GB/T 7388—1999)及工程应用经验,选取棒状MMO阳极作为辅助阳极,相关参数及电化学性能见表4-25。其规格为$\phi25×500$ mm,该阳极在海水环境中的最大额定输出电流不高于500 A·m⁻²,即每支19.625 A。本项目设计计算阴极保护系统的单支阳极输出电流是8.17 A,远小于MMO辅助阳极的额定电流。因此,该阳极在推荐的电流密度下(不高于500 A·m⁻²,海水环境),可以保证其使用寿命大于30 a。

表4-25　　　　　　　　　MMO棒状阳极技术参数

参数	具体要求
规格	$\phi25×500$ mm
使用介质	阴极保护用海水介质
涂层成分	Ir—Ta-Y贵金属混合氧化物
涂层面积	0.039 25 m²/支
额定输出电流	19.625 A
期望寿命	30 a
基材化学成分	满足GB/T3620.1—2016标准
基材热膨胀系数	$8.7×10^{-5}$/k

(续表)

参数	具体要求
基材热导率(20 ℃)	15.6 W/mk
基材电阻率	0.000 056 Ω·cm
基材抗拉强度	不小于245 MPa
连接接触电阻	0.001 Ω

考虑单根管道辅助阳极组的接水电阻(可参照胡士信著《阴极保护工程手册》P153)以及辅助阳极的均匀分布,根据管道的长度平均分配辅助阳极数量,每根管道分配辅助阳极的数量见表4-26。

表 4-26　　　　　　　　　埋地管道所需辅助阳极的数量

序号	管道名称	规格	长度/m	阳极数量/支	备注
1	循环水给水管道	DN4800	1640	90	管道内壁均匀布置
2	循环水排水管道	DN4800	710	40	管道内壁均匀布置
合计			2350	130	

(5)辅助阳极接水电阻的计算

同4.9节阴极保护的方法相似,单支辅助阳极接水电阻(R_a)可依据式(4.74)计算得到。

$$R_a = 0.315 \frac{\rho}{\sqrt{A}} \tag{4.74}$$

式中:A 为阳极外表面积(m^2),ρ 为海水电阻率(取值 0.25 Ω·m)。各管道内壁所安装的阳极组的接水电阻见表4-27。

表 4-27　　　　　　　各管道内壁所安装阳极组的接水电阻

参数	循环水给水管道	循环水排水管道
$A(m^2)$	3.532 5	1.57
$R_a(m^2)$	0.04	0.06

(6)强制电流阴极保护系统的电源功率计算

①循环水排水管道

依据式4.66计算可得循环水排水管道阴极保护系统的功率。此时,V 为电源设备的输出电压(V),其值为阳极接水电阻 R_a 和导线电阻 R_L 共同引起的电位降,η 为电源效率(取值0.7)。

在本方案拟采用两套5回路的电源对循环水给水管道提供阴极保护,通过计算可知循环水给水管道的恒电位仪单个回路输出电流 I_1(I_1=741.54/10=74.154 A)。

本方案中,阳极主电缆及阴极汇流电缆均采用 1×25 mm^2 的铜电缆,铜的电阻率为 0.0185 Ω·mm^2·m^{-1},阴极保护系统每个回路电缆总长度按 800 m 计算(估算长度),则导线电阻 R_L 计算值为0.592 Ω。由表4-25可知,R_a 取值0.04 Ω,计算得到电源设备的输出电压为47 V,依据式4.66计算阴极保护系统的功率为4 979 W。

考虑实际投运后辅助阳极的接水电阻及回路电阻的变化,可选用的整流器每回路的规格为80 V/100 A(该规格参数为恒电位仪选型依据),具体为6回路(5回路使用,1回路备用)2套。

②海水排水管道

本方案中,拟采用两套3回路的电源对其提供电流,计算得电流为53.51 A。同样采用1 mm×25 mm的铜电缆,回路电缆总长度按800 m计算,则R_L值为0.592 Ω。R_a取值0.06 Ω,计算得到电源设备的输出电压V为35 V,阴极保护系统的功率为2 676 W。

考虑实际中阳极电阻及回路电阻的变化,可选用的整流器每回路的规格为80 V/100 A,具体为4回路(3回路使用,1回路备用),2套。

通过以上计算可知每根管道所需恒电位仪的数量及规格,见表4-28。

表4-28　　　　　　　埋地管道阴极保护系统恒电位仪的规格及数量

名称	长度/m	恒电位仪	恒电位仪数量	备注
循环水给水管道	1 640	PS-6F	6回路,2套	使用5路,备用1路
循环水排水管道	710	PS-4F	4回路,2套	使用3路,备用1路

(7)阴极站的设置

根据管道分布的实际环境,本项目设计两座阴极站分别对循环水供水管道(1#)、循环水排水管道(2#)的内壁进行阴极保护,利用电厂内的设备间和交流电源,将阴极保护系统设备放置在设备间内,便于设备的维护管理及长时间稳定运行。

(8)辅助阳极分布位置设计

在本项目设计中,考虑到每根管道内壁所需的阴极保护电流较大,所需辅助阳极的数量也较大,因此,将每根管道所需的辅助阳极进行分组,具体分组情况见表4-29。每支辅助阳极通过法兰、密封罩及绝缘材料固定在管道内壁(悬臂式阳极安装),每支辅助阳极各自引一条阳极电缆到阳极接线箱内的对应接线柱(每组阳极一个阳极接线箱),再从阳极接线箱中引出阳极主电缆,通过电缆沟槽或电缆桥架进入阴极保护站。

表4-29　　　　　　　　　辅助阳极的分组

No	名称	辅助阳极 数量/支	辅助阳极 组数	分组情况
1	循环水给水管道	90	5	18支/组
2	循环水排水管道	40	2	20支/组
	合计	130	7	

(9)参比电极的选择及阴极保护电位监控设计

参比电极可以用来测量被保护管道的阴极保护的电位。恒电位仪根据被保护管道的阴极保护电位做出相应的输出调节,从而实现对被保护管道的保护。目前,在海水介质中,最常用的参比电极为Ag/AgCl/海水参比电极和高纯Zn参比电极。Ag/AgCl/海水参比电极具有较高的测量精度,而Zn参比电极具有较高的可靠性。海洋工程中测量电位通常采用Ag/AgCl/海水参比电极和高纯Zn参比电极的双参比电极系统,其结构具有抗强烈冲击和振动能力,并能防止污损生物附着,具有长寿命、高稳定性的特点。故选择Ag/AgCl/0.2 M KCl参比电极和高纯Zn参比电极双电极电位测量探头作为管道内壁阴极保护监测组件。两种参比电极对应的阴极保护电位区间见表4-30。

表4-30　　　　　　　参比电极对应的阴极保护电位区间

参比电极	阴极保护电位区间/V
Ag/AgCl/0.2 M KCl	−1.05～−0.80
Zn(高纯锌 99.999%)	0～0.25

因本项目需在管道沿线设置阳极接线箱,所设置的阳极接线箱应遵循"每组阳极共用一支阳极接线箱"的原则,均匀分布在管道沿线,共计7支阳极接线箱。现场安装时应尽可能调整阳极接线箱的位置,安装在绿化带等不易遭受破坏的地段。

为对埋地管道内壁阴极保护电位进行检测,需对管道沿线设置电位测试桩,对管道的阴极保护电位进行监测,按500 m的间隔设置一支电位测试桩,共计设置6支电位测试桩,电位测试桩的参比电极采用Ag/AgCl/海水参比电极和Zn参比电极的双参比电极。

(10)阴极保护系统的组成

在本方案中,每座阴极站由以下几个主要组成部分构成:

①提供保护电流的站内设备(2套恒电位仪,具有远传和通断电控制功能);

②辅助阳极(MMO棒状阳极,悬臂式安装);

③通电点(2处阴极保护通电点及参比电极的设置,每处包括2支Ag/AgCl/海水参比电极和Zn参比电极的双参比电极);

④阴极保护电源与管道之间的阴极汇流电缆及阴极保护电源与辅助阳极之间的阳极电缆;

⑤循环水给水管道5支阳极接线箱,4支电位测试桩(每支电位测试桩包括一支Ag/AgCl/海水参比电极和Zn参比电极的双参比电极);循环水排水管道2支阳极接线箱,2支电位测试桩(每支电位测试桩包括一支Ag/AgCl/海水参比电极和Zn参比电极的双参比电极)。

(11)阴极保护系统仪器和材料

①辅助阳极

辅助阳极是构成保护回路的主要组件,长期浸泡于海水中和电解质接触,处于电解状态。本设计选用MMO阳极(析氯阳极),共130支MMO阳极。MMO阳极本体规格为$\phi 25$ mm×500 mm,在工厂进行预制成带法兰和阳极电缆的阳极体。

②阴极保护电缆

根据不同的连接对象和用途,选择不同横截面积的电缆进行连接。阴极保护系统的阳极主电缆、阴极主电缆、参比电缆和测试电缆均选用铠装电缆,电缆选用情况及数量见表4-31。

表4-31　　　　　　　　电缆选用规格及数量

电缆类型	电缆规格	数量/m	备注
管道测试电缆	VV_{22} 0.61 kV/1×10 mm²	40	连接管道
参比测试电缆	VV_{22} 0.61 kV/1×6 mm²	40	连接参比电极
辅助阳极电缆	VV_{22} 0.61 kV/1×10 mm²	6 500	连接辅助阳极

(续表)

电缆类型	电缆规格	数量/m	备注
参比电缆	VV_{22} 0.6 1 kV/1×6 mm²	4 000	每个通电点暂定 1 000 m
阳极主电缆	VV_{22} 0.6 1 kV/1×25 mm²	3 200	每个通电点暂定 800 m
阴极主电缆	VV_{22} 0.6 1 kV/2×10 mm²	4 000	每个通电点暂定 1 000 m

③阴极保护系统的设备装置

a. 电绝缘装置：为防止阴极保护电流漏失，实施阴极保护电绝缘，被保护管道的首、末端的法兰应改造为绝缘法兰。同时，在保护管道和非保护管道之间也需要设置绝缘法兰，绝缘法兰的设计及安装应符合《阴极保护管道的电绝缘标准》(SY/T 0086—2020)中的相关规定。

b. 跨接电缆：为了确保阴极保护电流畅通，对所保护管道电连续进行设计必不可少。一般，采用法兰连接的管道通过电缆跨接的方式来确保管道的电连续性。跨接电缆采用 VV0.6 1 kV/1×25 mm² 的电缆，电缆与管道之间采用铝热焊接的方式。

五、牺牲阳极阴极保护系统的设计及安装

1. 牺牲阳极的设计计算

(1)保护电流密度的选取与阴极保护电流的计算

与第四部分第 1 节的计算过程相同，可确定管道内壁的平均阴极保护电流密度为 30 mA·m^{-2}，总保护电流为 1 062.60 A。

(2)牺牲阳极的选择

镁、铝和锌合金的牺牲阳极的电化学性能见表 4-7。在海水中，通常选择铝合金和锌合金。进一步从阳极电位、海水电阻率、阳极使用年限及经济性考虑，决定选用长条形铝—Al-Zn-In 系列阳极：A11 E-1，其尺寸参数为(200+280)×150×1 200 mm，净质量 112 kg，毛质量 120 kg。(牺牲阳极选型可参照 GB/T4948—2009)

Al-Zn-In 系列牺牲阳极广泛应用于海水介质，它具有良好的活性和高的电流效率。本系统考虑选用 Al-Zn-In-Cd 阳极，其电化学性能参数和化学成分见表 4-32 及表 4-33。

表 4-32　　　　　　　　牺牲阳极电化学性能参数

项目	工作电位/V	电流效率/%	阳极消耗率/kg·(A·a)$^{-1}$
性能参数	≤−1.05	≥90	≤3.37

表 4-33　　　　　　　　Al-Zn-In-Cd 型阳极化学成分

元素	Zn	In	Cd	杂质(Max)			Al
				Si	Fe	Cu	
含量(%)	2.5~5.75	0.015~0.040	0.002(Max)	0.12	0.09	0.003	余量

(3)单支阳极接水电阻计算

对于 A11 E-1 型铝合金阳极，单支阳极接水电阻可按式(4.75)计算得到。

$$R_a = \frac{\rho}{2\pi L} \times \left[\ln\left(\frac{4L}{r}\right) - 1\right] \quad (L \geq 4r) \tag{4.75}$$

其中，R_a 为阳极接水电阻(Ω)；ρ 为海水电阻率(0.25 Ω·m)；L 为阳极的长度(1.20 m)；r

为阳极的等效半径(m),由式(4.76)计算得到。

$$r = \frac{C}{2\pi} \tag{4.76}$$

其中,C 为截面周长,其值为(0.2+0.28+0.15*2=0.78 m)。计算得 r 值为 0.124 m。进一步带入式(4.73),得接水电阻 R_a 值为 0.088 Ω。

(4)牺牲阳极输出电流计算

对 A11 E-1 型阳极,阳极驱动电位 ΔE 取值为 0.3 V,又知接水电阻 R_a 为 0.088 Ω,依据式(4.58),可计算出单支牺牲阳极的输出电流 I_a 为 3.41 A。

(5)牺牲阳极数量的计算

对于 A11 E-1 型阳极,可取备用系数 B 为 3.7,依据式(4.59)计算得到所需 A11 E-1 型铝合金牺牲阳极的数量 N 为 1153 支。

(6)牺牲阳极寿命计算

由式(4.61)计算得到单支阳极平均输出电流 I 为 0.92 A。对于 A11 E-1 型铝阳极,单支阳极净质量 w 为 120 kg,单支阳极消耗率 ω 为 3.65 kg·A^{-1}·a^{-1},由式(4.60)计算得知 T 值为 30.3 a,牺牲阳极的设计寿命满足不小于 30 a 的要求。

2. 牺牲阳极分布位置设计

根据计算结果,牺牲阳极均匀分布在管道内壁底部和侧面,每隔约 6 m 的间距安装一处阳极组(共计 3 支,3 点、6 点和 9 点方位各一只),牺牲阳极采用支架式安装。

3. 测试桩分布位置设计

本方案设置 2 支测试桩,循环水给水管道、循环水排水管道各设置 1 支测试桩,在每个测试桩处都设置 2 处参比电极监测点。现场安装时应尽可能调整测试桩的位置,以"方便测试,便于管理"为原则,尽量安装在绿化带等不易遭受破坏的地段。

4. 参比电极的选择及阴极保护电位监控设计

目前,在海水介质中,最常用的参比电极为 Ag/AgCl/海水参比电极和 Zn 参比电极。Ag/AgCl/海水参比电极有较高的测量精度,而 Zn 参比电极有较高的可靠性。海洋工程中测量电位通常采用 Ag/AgCl/海水参比电极和 Zn 参比电极的双参比电极系统,其结构具有抗强烈冲击和振动能力,并能防止污损生物附着覆盖,具有长寿命、高稳定性的特点。选择 Ag/AgCl/0.2M KCl 参比电极和 Zn 参比电极双电极电位测量探头作为管道内壁阴极保护监测系统。两种电极对应的阴极保护电位区间见表 4-34。

表 4-34 参比电极对应的阴极保护电位区间

参比电极	阴极保护电位区间/V
Ag/AgCl/0.2M KCl	−1.05～−0.80
Zn(高纯锌 99.999%)	0～0.25

5. 阴极保护系统的设备装置

①电绝缘装置

为防止阴极保护电流漏失,实施阴极保护电绝缘,被保护管道的首、末端所安装的法兰应改造为绝缘法兰。同时,在保护管道和非保护管道之间也需要设置绝缘法兰。在本项目中,需要检查各管道与设备之间设置的法兰的绝缘性能,评价其绝缘性能,若不满足绝缘要求，需对其进行改造，其安装应符合《阴极保护管道的电绝缘标准》(SY/T 0086—2020)中的相关规定。

②跨接电缆

为了确保阴极保护电流畅通，对所保护管道的电连续开展设计。对采用法兰连接的管道采用电缆跨接的方式来确保管道的电连续性。跨接电缆采用 VV0.6 1 kV/1×25 mm^2 的电缆，电缆与管道之间连接采用铝热焊接或铜焊的方式并进行防腐。

6. 阴极保护工程的验收

根据有关标准《滨海设施外加电流阴极保护系统通用要求》(GB/T 17005—2019)或《滨海电厂海水冷却水系统牺牲阳极阴极保护》(GB/T 16166—2013)所规定验收准则作为阴极保护工程验收合格标准，即阴极保护装置投入运行，测量电位测试桩处管道的阴极保护电位值应在 0.25 V 至 0 V 之间(相对于高纯锌参比电极，并消除 IR 电位降)，或 −1.05～−0.80 V 之间(相对于 Ag/AgCl/0.2M KCl 参比电极，并消除 IR 电位降)。

7. 阴极保护效果的监测

阴极保护装置投入运行后，利用测试桩，应每半年监测被保护管道的阴极保护电位并作相应的记录。对于阴极保护电位不符合标准和本设计要求的，应请有关专业技术人员调查解决。

8. 对管线总体设计中和阴极保护有关内容的要求

钢质套管(包括混凝土套管)、混凝土包封中钢筋、箱涵中钢筋与管道的电绝缘，应满足相关规范要求，管道不应与其他非保护的任何金属构筑物电导通。

管道内壁防腐层涂装完毕后，需对防腐层进行完整性检查，采用电火花检漏仪检测，对检测出的防腐层缺陷必须修补。

考虑到阴极保护站的土建等配套工作，把阴极保护站设计在电厂内的设备间，利用电厂的设备间来安装阴极保护设施。一般情况阴极保护的设备需要 ≥10 m^2 的房间。

参考文献

[1]《Working safely in Laboratories, Basinc Principles and Guidelines》, Berlin, Deuthche Gesetzliche Unifallversicherung (DGUV), 1st Edition, 2008.

[2]《化学实验室安全知识教程》, 北京, 北京大学化学与分子工程学院实验室安全技术教学组, 北京大学出版社, 第1版, 2012.

[3] 赵华绒, 方文军, 王国平,《化学实验室安全与环保手册》, 北京, 浙江大学化学系, 化学工业出版社, 第1版, 2013.

[4] Allen J. Bard, Larry R. Faulkner, Electrochemical methods: fundamentals and applications, 2nd edition, WILEY, 2011.

[5] Eliezer Gileadi, Electrode Kinetics for Chemists, Chemical Engineers and Materials Scientists, 1st edition, VCH Publishers, Inc, 1993.

[6] Peter T. Kissinger, William R. Heineman, Laboratory Techniques in Electroanalytical Chemistry, 1st edition, Marcek Dekker, Inc, 1984.

[7] David J. G. Ives, George J. Janz, Reference electrode: Theory and Practice, 1st edition, Academic Press Inc., 1961.

[8] 查全性, 电极过程动力学导论, 第三版, 科学出版社, 2002.

[9] 曹楚南, 张鉴清, 电化学阻抗谱导论, 科学出版社, 2016.

[10] 毛庆, 景维云, 石越, 非线性谱学分析的基本原理及其在电化学研究中的应用, 化学进展, 2017, 29(02/3): 210-215.

[11] Qing Mao, Ulrike Krewer, Total harmonic distortion analysis of oxygen reduction reaction in proton exchange membrane fuel cells, Electrochimica Acta, 2013, 103: 188-198.

[12] Qing Mao, Ulrike Krewer, Sensing Methanol Concentration in Direct Methanol Fuel Cell with Total Harmonic Distortion: Theory and Application, Electrochimica Acta, 2012, 68, 60-68.

[13] Qing Mao, Ulrike Krewer, Richard Hanke-Rauschenbach, Total harmonic distortion analysis for direct methanol fuel cell anode, Electrochemical communication, 2010, 12(11), 1517-1519.

附 录

1. 参比电极电位

附表 1　　参比电极电位

参比电极类型	电极电位/V (vs. NHE)
NHE	0
RHE	-0.0591pH
Ag/AgCl, KCl (sat'd)	0.197
Hg/Hg$_2$Cl$_2$, NaCl (sat'd)	0.2360
Hg/Hg$_2$Cl$_2$, KCl (sat'd)	0.2412
Hg/Hg$_2$Cl$_2$, KCl (1 M)	0.2801
Hg/Hg$_2$Cl$_2$, KCl (0.1 M)	0.3337
Hg/Hg$_2$SO$_4$, K$_2$SO$_4$ (sat'd)	0.64
Hg/Hg$_2$SO$_4$, H$_2$SO$_4$ (0.5 M)	0.68
Hg/HgO, NaOH (0.1 M)	0.926

2. Laplace 变换表

附表 2　　Laplace 变换表

初始	变换
$F(T)$	$\bar{f}(p)$
1	$1/p$
t	$1/p^2$
$1/(\pi t)^{1/2}$	$1/p^{1/2}$
$\exp(at)$	$1/(p-a)$
$1/(\pi t)^{1/2} - a\exp(a^2 t)erfc(at^{1/2})$	$1/p^{1/2}+a$
$\exp(a^2 t)erfc(at^{1/2})$	$1/(p^{1/2}(p^{1/2}+a))$
$[1-\exp(a^2 t)erfc(at^{1/2})]/a$	$1/(p(p^{1/2}+a))$

3. 基本物理常数

附表 3　　基本物理常数

符号	物理常数	数值
e	基本电荷	$1.602\ 19 \times 10^{-19}$ C
F	法拉第常数	$964\ 846 \times 10^4$ C eqviv^{-1}
h	普朗克常数	$6.626\ 18 \times 10^{-34}$ J$-$sec

(续表)

符号	物理常数	数值
k	玻尔兹曼常数	$1.380\,66\times10^{-23}$ J·K^{-1}
N_A	阿佛加德罗常数	$6.022\,05\times10^{23}$ mol^{-1}
R	气体常数	$8.314\,41$ J·mol^{-1}·K^{-1}

4. 标准电极单位表

附表 4　　　　　　　　　标准电极单位表

电极反应式	电位/V
$Ag^+ + e^- \rightleftharpoons Ag$	0.799 1
$AgBr + e^- \rightleftharpoons Ag + Br^-$	0.071 1
$AgCl + e^- \rightleftharpoons Ag + Cl^-$	0.222 3
$AgI + e^- \rightleftharpoons Ag + I^-$	$-0.152\,2$
$Ag_2O + H_2O + 2e^- \rightleftharpoons 2Ag + 2OH^-$	0.342
$Al^{3+} + 3e^- \rightleftharpoons Al$	-1.676
$Au^+ + e^- \rightleftharpoons Au$	1.83
$Au^{3+} + 2e^- \rightleftharpoons Au^+$	1.36
p-benzoquinone $+ 2H^+ + 2e^- \rightleftharpoons$ hydroquinone	0.699 2
$Br_2(aq) + 2e^- \rightleftharpoons 2Br^-$	1.087 4
$Ca^{2+} + 2e^- \rightleftharpoons Ca$	-2.84
$Cd^{2+} + 2e^- \rightleftharpoons Cd$	-0.4025
$Cd^{2+} + 2e^- \rightleftharpoons Cd(Hg)$	-0.3515
$Ce^{4+} + e^- \rightleftharpoons Ce^{3+}$	1.72
$Cl_2(g) + 2e^- \rightleftharpoons 2Cl^-$	1.3583
$HClO + H^+ + e^- \rightleftharpoons Cl_2 + H_2O$	1.630
$Co^{2+} + 2e^- \rightleftharpoons Co$	-0.277
$Co^{3+} + e^- \rightleftharpoons Co^{2+}$	1.92
$Cr^{2+} + 2e^- \rightleftharpoons Cr$	-0.90
$Cr^{3+} + e^- \rightleftharpoons Cr^{2+}$	-0.424
$Cr_2O_7^{2-} + 14H^+ + 6e^- \rightleftharpoons 2Cr^{3+} + 7H_2O$	1.36
$Cu^+ + e^- \rightleftharpoons Cu$	0.520
$Cu^{2+} + 2CN^- + e^- \rightleftharpoons Cu(CN)_2^-$	1.12
$Cu^{2+} + e^- \rightleftharpoons Cu^+$	0.159
$Cu^{2+} + 2e^- \rightleftharpoons Cu$	0.340
$Cu^{2+} + 2e^- \rightleftharpoons Cu(Hg)$	0.345

(续表)

电极反应式	电位/V
$Eu^{3+} + e^- \rightleftharpoons Eu^{2+}$	−0.35
$1/2F_2 + H^+ + e^- \rightleftharpoons HF$	3.053
$Fe^{2+} + 2e^- \rightleftharpoons Fe$	−0.44
$Fe^{3+} + e^- \rightleftharpoons Fe^{2+}$	0.771
$Fe(CN)_6^{3-} + e^- \rightleftharpoons Fe(CN)_6^{4-}$	0.3610
$2H^+ + 2e^- \rightleftharpoons H_2$	0.0000
$2H_2O + 2e^- \rightleftharpoons H_2 + 2OH^-$	−0.828
$H_2O_2 + 2H^+ + 2e^- \rightleftharpoons 2H_2O$	1.763
$2Hg^{2+} + 2e^- \rightleftharpoons Hg_2^{2+}$	0.9110
$Hg_2^{2+} + 2e^- \rightleftharpoons 2Hg$	0.7960
$Hg_2Cl_2 + 2e^- \rightleftharpoons 2Hg + 2Cl^-$	0.26816
$Hg_2Cl_2 + 2e^- \rightleftharpoons 2Hg + 2Cl^-$ (sat'd. KCl)	0.2415
$HgO + H_2O + 2e^- \rightleftharpoons Hg + 2OH^-$	0.0977
$Hg_2SO_4 + 2e^- \rightleftharpoons 2Hg + SO_4^{2-}$	0.613
$I_2 + 2e^- \rightleftharpoons 2I^-$	0.5355
$I_3^- + 2e^- \rightleftharpoons 3I^-$	0.536
$K^+ + e^- \rightleftharpoons K$	−2.925
$Li^+ + e^- \rightleftharpoons Li$	−3.045
$Mg^{2+} + 2e^- \rightleftharpoons Mg$	−2.356
$Mn^{2+} + 2e^- \rightleftharpoons Mn$	−1.18
$Mn^{3+} + e^- \rightleftharpoons Mn^{2+}$	1.5
$MnO_2 + 4H^+ + e^- \rightleftharpoons Mn^{2+} + 2H_2O$	1.23
$MnO_4^- + 8H^+ + 5e^- \rightleftharpoons Mn^{2+} + 4H_2O$	1.51
$Na^+ + e^- \rightleftharpoons Na$	−2.714
$Ni^{2+} + 2e^- \rightleftharpoons Ni$	−0.257
$Ni(OH)_2 + 2e^- \rightleftharpoons Ni + 2OH^-$	−0.72
$O_2 + 2H^+ + 2e^- \rightleftharpoons H_2O_2$	0.695
$O_2 + 4H^+ + 4e^- \rightleftharpoons 2H_2O$	1.229
$O_2 + 2H_2O + 4e^- \rightleftharpoons 4OH^-$	0.401
$O_3 + 2H^+ + 2e^- \rightleftharpoons O_2 + H_2O$	2.075
$Pb^{2+} + 2e^- \rightleftharpoons Pb$	−0.1251

(续表)

电极反应式	电位/V
$Pb^{2+}+2e^- \rightleftharpoons Pb(Hg)$	−0.120 5
$PbO_2+4H^++2e^- \rightleftharpoons Pb^{2+}+2H_2O$	1.468
$PbO_2+SO_4^{2-}+4H^++2e^- \rightleftharpoons PbSO_4+2H_2O$	1.698
$PbSO_4+2e^- \rightleftharpoons Pb+SO_4^{2-}$	−0.350 5
$Pd^{2+}+2e^- \rightleftharpoons Pd$	0.915
$Pt^{2+}+2e^- \rightleftharpoons Pt$	1.188
$PtCl_4^{2-}+2e^- \rightleftharpoons Pt+4Cl^-$	0.758
$PtCl_6^{2-}+2e^- \rightleftharpoons PtCl_4^{2-}+2Cl^-$	0.726
$Ru(NH_3)_6^{3+}+e^- \rightleftharpoons Ru(NH_3)_6^{2+}$	0.10
$S+2e^- \rightleftharpoons S^{2-}$	−0.447
$Sn^{2+}+2e^- \rightleftharpoons Sn$	−0.137 5
$Sn^{4+}+2e^- \rightleftharpoons Sn^{2+}$	0.15
$Tl^++e^- \rightleftharpoons Tl$	−0.336 3
$Tl^++e^- \rightleftharpoons Tl(Hg)$	−0.333 8
$Tl^{3+}+2e^- \rightleftharpoons Tl^+$	1.25
$U^{3+}+3e^- \rightleftharpoons U$	−1.66
$U^{4+}+e^- \rightleftharpoons U^{3+}$	−0.52
$UO_2^++4H^++e^- \rightleftharpoons U^{4+}+2H_2O$	0.273
$UO_2^{2+}+e^- \rightleftharpoons UO_2^+$	0.163
$V^{2+}+2e^- \rightleftharpoons V$	−1.13
$V^{3+}+e^- \rightleftharpoons V^{2+}$	−0.255
$VO^{2+}+2H^++e^- \rightleftharpoons V^{3+}+H_2O$	0.337
$VO_2^++2H^++e^- \rightleftharpoons VO^{2+}+H_2O$	1.00
$Zn^{2+}+2e^- \rightleftharpoons Zn$	−0.762 6
$ZnO_2^{2-}+2H_2O+2e^- \rightleftharpoons Zn+4OH^-$	−1.285

5. 金属合金在海水中的稳定电位序

附表5　　　　　　　　　金属合金在海水中的稳定电位序

金属和合金在海水中的稳定电位序			
金属	$E_H(V)$	金属	$E_H(V)$
镁	−1.45	镍(活态)	−0.12
镁合金(6%Al,3%Zn,0.5%Mn)	−1.20	α黄铜(30%Zn)	−0.11
锌	−0.80	青铜(5%～10%Al)	−0.10

(续表)

金属和合金在海水中的稳定电位序			
金属	E_H(V)	金属	E_H(V)
铝合金(10%Mg)	-0.74	铜锌合金(5%～10%Zn)	-0.10
铝合金(10%Zn)	-0.70	铜	-0.08
铝	-0.53	铜镍合金(30%Ni)	-0.02
镉	-0.52	石墨	0.02～0.3
杜拉铝	-0.50	不锈钢 Cr13(钝态)	0.03
铁	-0.50	镍(钝态)	0.05
碳钢	-0.40	因科镍(11～15%Cr,1%Mn,1%Fe)	0.08
灰口铁	-0.36	Cr17 不锈钢(钝态)	0.10
不锈钢(Cr13,Cr17,活化态)	-0.32	Cr18Ni19 不锈钢(钝态)	0.17
Ni—Cu 铸铁(12%～15%Ni,5%～7%Cu)	-0.30	哈氏合金(20%Mo,18%Cr,6%W,7%Fe)	0.17
不锈钢 Cr19Ni19(活态)	-0.30	蒙乃尔	0.17
不锈钢 Cr18Ni12Mo2Ti(活态)	-0.30		
铅	-0.30	Cr18Ni12Mo3 不锈钢(钝态)	0.20
锡	-0.25	银	0.12～0.2
α+β 黄铜(40%Zn)	-0.20	钛	0.15～0.2
锰青铜(5%Mn)	-0.20	铂	0.40

表中不锈钢的钝化形态,通常对应于流动迅速、充气较好的海水条件下建立的电极电位;相反,活性状态是对应于该金属在微弱充气的海水停滞区域建立的电位。

6. 金属材料耐腐蚀的 10 级标准

附表 6   金属材料耐腐蚀的十级标准

金属材料耐蚀性的十级标准							
腐蚀性类别	腐蚀速度 (mm/a)	失重(g/m²·h)						腐蚀等级
^	^	铁基合金	铜及其合金	镍及其合金	铅及其合金	铝及其合金	镁及其合金	^
Ⅰ.完全耐蚀	<0.001	<0.000 9	<0.001	<0.001	<0.001 2	<0.000 3	<0.000 2	1
Ⅱ.很耐蚀	0.001～0.005	0.000 9～0.004 5	0.001～0.005 1	0.001～0.005	0.0012～0.006 5	0.000 3～0.001 5	0.000 2～0.001	2
^	0.005～0.01	0.004 5～0.009	0.005 1～0.01	0.005～0.01	0.006 5～0.012	0.001 5～0.003	0.001～0.002	3
Ⅲ.耐蚀	0.01～0.05	0.009～0.045	0.01～0.051	0.01～0.05	0.012～0.065	0.003～0.015	0.002～0.01	4
^	0.05～0.1	0.045～0.09	0.051～0.1	0.05～0.1	0.065～0.12	0.015～0.031	0.01～0.02	5

金属材料耐蚀性的十级标准

腐蚀性类别	腐蚀速度(mm/a)	失重(g/m²·h) 铁基合金	铜及其合金	镍及其合金	铅及其合金	铝及其合金	镁及其合金	腐蚀等级
Ⅳ.尚耐蚀	0.1~0.5	0.09~0.45	0.1~0.51	0.1~0.5	0.12~0.65	0.031~0.154	0.02~0.1	6
	0.5~1.0	0.45~0.9	0.51~1.02	0.5~1.0	0.65~1.2	0.154~0.31	0.1~0.2	7
Ⅴ.欠耐蚀	1.0~5.0	0.9~4.5	1.02~5.1	1.0~5.0	1.2~6.5	0.31~1.54	0.2~1.0	8
	5.0~10.0	4.5~9.1	5.1~10.2	5.0~10.0	6.5~12.0	1.54~3.1	1.0~2.0	9
Ⅵ.不耐蚀	>10	>9.1	>10.2	>10.0	>12.0	>3.1	>2.0	10

7. 清除腐蚀产物的化学方法

附表7　　　清除腐蚀产物的化学方法

材料	溶液	时间(min)	温度(℃)	备注
铝和铝合金	70%HNO₃	2~3	室温	随后轻轻擦洗
	2%CrO₃+5%H₃PO₄	10	79~85	用于氧化膜不溶于HNO₃的情况，随后仍用70%HNO₃处理
铜和铜合金	15~20%HCl	2~3	室温	随后轻轻擦洗
	5~10%H₂SO₄	2~3	室温	随后轻轻擦洗
铅和铅合金	10%醋酸	10	沸腾	随后轻轻擦洗，可出去PbO
	5%醋酸铵	5	热	随后轻轻擦洗，可除去PbO和PbSO₄
	80 g/L NaOH,50 g/L 甘露醇,0.62 g/L 硫酸肼	30 或至清除	沸腾	随后轻轻擦洗
铁和钢	20%NaOH,200 g/L 锌粉	5	沸腾	
	浓 HCl,50 g/L SnCl₂+20 g/L SbCl₃	25 或至清除	冷	溶液应搅拌
	10%或20%HNO₃	20	60	用于不锈钢，需避免氯化物的污染
	含有0.15%(体积)有机缓蚀剂的15%(体积)浓H₃PO₄	至清除	室温	可除去氧化条件下钢表面形成的氧化皮
镁和镁合金	15%CrO₃,1%AgCrO₄ 溶液	15	沸腾	
镍和镍合金	15~20%HCl	至清除	室温	
	10%H₂SO₄	至清除	室温	

材料	溶液	时间(min)	温度(℃)	备注
锡和锡合金	15% Na$_3$PO$_4$	10	沸腾	随后轻轻擦洗
锌	先用 10% NH$_4$Cl,然后用 5%CrO$_3$,1%AgNO$_3$ 溶液	5 20 s	室温 沸腾	随后轻轻擦洗
	饱和醋酸铵	至清除	室温	随后轻轻擦洗
	100 g/L NaCN	15	室温	

8. 腐蚀测试相关的国家标准

8.1 金属及合金、金属覆盖层腐蚀试验相关国家标准

(1)腐蚀试验方法综合

附表8　　腐蚀试验方法综合

国标号	名称
GB/T 10123—2022	金属和合金的腐蚀 术语
JB/T 10579—2006	腐蚀数据统计分析标准方法
GB/T 16545—2015	金属和合金的腐蚀 腐蚀试样上腐蚀产物的清除
GB/T 18590—2001	金属和合金的腐蚀 点蚀评定方法
GB/T 19291—2003	金属和合金的腐蚀 腐蚀试验一般原则
GB/T 19746—2018	金属和合金的腐蚀 盐溶液周浸试验

(2)应力腐蚀试验

附表9　　应力腐蚀试验

国标号	名称
GB/T 4157—2017	金属在硫化氢环境中抗硫化物应力开裂和应力腐蚀开裂的实验室试验方法
GB/T 15970.1—2018	金属和合金的腐蚀 应力腐蚀试验 第1部分:试验方法总则
GB/T 15970.2—2000	金属和合金的腐蚀 应力腐蚀试验 第2部分:弯梁试样的制备和应用
GB/T 15970.3—1995	金属和合金的腐蚀 应力腐蚀试验 第3部分:U型弯曲试样的制备和应用
GB/T 15970.4—2000	金属和合金的腐蚀 应力腐蚀试验 第4部分:单轴加载拉伸试样的制备和应用
GB/T 15970.5—1998	金属和合金的腐蚀 应力腐蚀试验 第5部分:C型环试样的制备和应用
GB/T 15970.6—2007	金属和合金的腐蚀 应力腐蚀试验 第6部分:恒载荷或恒位移下的预裂纹试样的制备和应用
GB/T 15970.7—2017	金属和合金的腐蚀 应力腐蚀试验 第7部分:慢应变速率试验
GB/T 15970.8—2005	金属和合金的腐蚀 应力腐蚀试验 第8部分:焊接试样的制备和应用
GB/T 20122—2006	金属和合金的腐蚀 滴落蒸发试验的应力腐蚀开裂评价
YB/T 5344—2006	铁-铬-镍合金在高温水中应力腐蚀试验方法

(3)腐蚀疲劳试验

附表10　　腐蚀疲劳试验

国标号	名称
GB/T 4337—2015	金属材料 疲劳试验 旋转弯曲方法
GB/T 20120.1—2006	金属和合金的腐蚀 腐蚀疲劳试验 第1部分:循环失效试验
GB/T 20120.2—2006	金属和合金的腐蚀 腐蚀疲劳试验 第2部分:预裂纹试验裂纹扩展试验

（4）大气环境腐蚀试验

附表 11　　　　　　　　　　大气环境腐蚀试验

国标号	名称
GB/T 14165—2008	金属和合金　大气腐蚀试验　现场试验的一般要求
GB/T 19292.1—2018	金属和合金的腐蚀　大气腐蚀性 第 1 部分：分类、测量和评估
GB/T 19292.2—2018	金属和合金的腐蚀　大气腐蚀性　第 2 部分：腐蚀等级的指导值
GB/T 19292.3—2018	金属和合金的腐蚀　大气腐蚀性　第 3 部分：影响大气腐蚀性环境参数的测量
GB/T 19292.4—2018	金属和合金的腐蚀　大气腐蚀性　第 4 部分：用于评估腐蚀性的标准试样的腐蚀速率的测定
GB/T 19747—2005	金属和合金的腐蚀　双金属室外暴露腐蚀试验

（5）人造气氛腐蚀试验

附表 12　　　　　　　　　　人造气氛腐蚀试验

国标号	名称
GB/T 10125—2021	人造气氛腐蚀试验　盐雾试验
GB/T 14293—1998	人造气氛腐蚀试验　一般要求
GB/T 19745—2005	人造低浓度污染气氛中的腐蚀试验
GB/T 20121—2006	金属和合金的腐蚀　人造气氛的腐蚀试验　间歇盐雾下的室外加速试验（疮痂试验）

（6）海洋环境腐蚀试验

附表 13　　　　　　　　　　海洋环境腐蚀试验

国标号	名称
GB/T 5776—2023	金属和合金的腐蚀　金属和合金在表层海水中暴露和评定的导则
GB/T 6384—2008	船舶及海洋工程用金属材料在天然环境中的海水腐蚀试验方法
GB/T 12466—2019	船舶及海洋工程腐蚀与防护术语
GB/T 15748—2013	船用金属材料电偶腐蚀试验方法

（7）金属覆盖层腐蚀试验

附表 14　　　　　　　　　　金属覆盖层腐蚀试验

国标号	名称
GB/T 6461—2002	金属基体上金属和其他无机覆盖层　经腐蚀试验后的试样和试件的评级
GB/T 14165—2008	金属和合金　大气腐蚀试验　现场试验的一般要求
GB/T 6465—2008	金属和其他无机覆盖层　腐蚀膏腐蚀试验（CORR 试验）
GB/T 6466—2008	电沉积铬层　电解腐蚀试验（EC 试验）
GB/T 9789—2008	金属和其他无机覆盖层　通常凝露条件下的二氧化硫腐蚀试验
GB/T 11377—2005	金属和其它无机覆盖层　储存条件下腐蚀试验的一般规则

8.2 钢铁材料腐蚀试验相关国家标准

附表15　　　　　　　　　钢铁材料腐蚀试验相关国家标准

国标号	名称
GB/T 4334—2020	金属和合金的腐蚀　奥氏体及铁系体—奥氏体（双相）不锈钢晶间腐蚀试验方法
GB/T 4334.6—2015	不锈钢5%硫酸腐蚀试验方法
GB/T 10127—2002	不锈钢三氯化铁缝隙腐蚀试验方法
GB/T 13671—1992	不锈钢缝隙腐蚀电化学试验方法
GB/T 17897—2016	金属和合金的腐蚀　不锈钢三氯化铁点腐蚀试验方法
GB/T 17899 2023	金属和合金的腐蚀　不锈钢在氯化钠溶液中点蚀电位的动电位测量
YB/T 5362—2006（原 GB/T17898—1999）	不锈钢在沸腾氯化镁溶液中应力腐蚀试验方法
GB/T 8650—2015	管线钢和压力容器钢抗氢致开裂评定方法
GB/T 13303—1991	钢的抗氧化性能测定方法
GB/T 13448—2019	彩色涂层钢板及钢带试验方法